U0272805

你不理财 财不理你

畅销十年纪念版

杨宗勇◎著

图书在版编目（CIP）数据

你不理财财不理你：畅销十年纪念版/杨宗勇著.--上海：立信会计出版社，2017.1

（去梯言）

ISBN 978-7-5429-5283-7

Ⅰ.①你… Ⅱ.①杨… Ⅲ.①家庭管理－财务管理 Ⅳ.①TS976.15

中国版本图书馆CIP数据核字(2016)第273180号

策划编辑　蔡伟莉
责任编辑　蔡伟莉
封面设计　仙境

你不理财财不理你
NIBULICAI CAIBULINI

出版发行　立信会计出版社
地　　址　上海市中山西路2230号　　邮政编码　200235
电　　话　（021）64411389　　传　　真　（021）64411325
网　　址　www.lixinaph.com　　电子邮箱　lxaph@sh163.net
网上书店　www.shlx.net　　电　　话　（021）64411071
经　　销　各地新华书店

印　　刷　固安县保利达印务有限公司
开　　本　720毫米×1000毫米　　1/16
印　　张　16.5　　插　　页　1
字　　数　253千字
版　　次　2017年1月第1版
印　　次　2018年8月第4次
书　　号　ISBN 978-7-5429-5283-7/TS
定　　价　36.00元

前　言

很多人都有过这样的梦想，总希望自己有朝一日能财源滚滚，拥有丰厚的财富，锦衣玉食、幸福美满地度过一生。然而许多人终其一生，都没有梦想成真。有的人常年朝九晚五地奔波于公司和家庭之间，一天工作甚至超过8小时，然而忙来忙去依然是一穷二白，无力置产，甚至时不时担忧如何养老。有的人虽然拿着不菲的薪水，但是挥霍无度、花钱无节制，以致囊中空空，年纪轻轻就陷入财务危机，背负着越来越重的债务负担……

造成上述现象的原因何在？细细分析，其中固然不乏别的因素，但最根本的原因就是他们不懂得如何投资理财，不知投资理财对于生活的重要性，不懂得如何通过投资理财打理手中的钱财，让钱生钱。

现在社会日新月异，经济飞速发展，物价快速上涨，而且竞争激烈，各方面压力不断加大，要想摆脱生活困境，快速致富，不仅需要我们不断丰富我们的“腰包”，而且还要管好手中的钱，善于去投资，用最少的钱办最多的事。

关于投资理财的意义，古巴比伦富翁阿卡德曾经说过一段形象生动的话：“财富就像一棵大树，其实是从一粒小小的种子开始长起来的。你所存的第一个铜板就是这粒种子，它将来很有可能就长成了财富大树。你越早播下这粒种子，你就越早让财富之树长大。你越忠实地经常以存款和增值来培育、浇灌它，你就能越快在财富的树荫下乘凉。”

世界上每一个富豪的诞生，都和“理财”这两个字息息相关。可以说，理财是财富积累和增值的最佳手段。股神巴菲特就曾经说过：“一个人一生能够积累多少财富，不是取决于你能够赚多少钱，而是取决于你是否能够投资理财。毕竟钱找钱胜过人找钱，要懂得让钱为你工作，而不是你为钱工作。”巴菲特也正是秉持着这种财富理念，以100美元起家，靠着非凡的智慧和理智的头脑，在短短的40多年间创造了400多亿美元的巨额财富，最终向世人演绎了一段从平民到世界巨富的投资传奇。

究竟什么是投资理财？有的人认为是将钱放在银行，有的人认为是省吃俭用，有的人认为是买基金、炒股票，有的人甚至认为是借钱给别人再收取利息……这其实是对投资理财认识存在偏颇和误区。投资理财看似是一件非常平凡的事情，但实际上却大有学问。投资理财是一门综合性的管理财富行为，涉及金融、经济、货币、贸易、财务、税务、数学、社会学、消费、教育、心理等种种学科知识。投资理财不是投机取巧，也不是碰运气，而是门学问。对于生活中的每个人而言，都有必要花精力钻研这门学问，并掌握其精髓。

《你不理财　财不理你》初版问世后，受到广大读者的热烈欢迎，本次出版在原书的基础上进行了补充修订，新增了一些目前关于理财方面最新的内容和知识，使得本书内容更加完善、方法更加科学，更具操作性、指导性。全书以简洁、轻松的语言，结合典型的生活案例，全面、具体地介绍了投资理财的常识、原理，将投资理财要点、投资理财特点、投资理财方式、投资理财窍门一一呈现在读者面前，并对不同家庭如何理财提出了有针对性的方案，剖析了生活中科学消费的花钱之道，也提供了养老规划、子女教育投资的途径，知识性、趣味性、实用性兼备，是广大读者了解和掌握投资理财这门学问的理想教科书。

你不理财，财不理你。如果你还在为生活窘迫而发愁，为未来的人生而担忧，那么，请尽早改变你的生活观念，树立正确的财富观念，积累财富不能只靠工资，靠守财，而要靠投资理财。本书可让你快速突破思维误区，建立投资理财意识，拥有价值百万的投资理财方法和经验，将手中的财富快速稳健地升值，不做奔奔族，拒绝月光族，远离蜗居族，摆脱穷忙族，开辟光明“钱”途，从此过上富足、美好和幸福的生活。

目 录

上 篇 你不理财，财不理你

中 篇 你若理财，财可理你

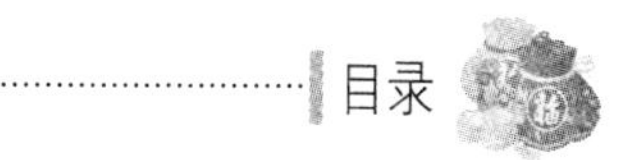

下　篇　理财有方，投资有道

上　篇

你不理财，财不理你

第 1 章 再不理财，你就晚了

安稳守财的时代一去不复返了

从前，有一位守财奴，他熬了很多年，终于从年迈的兄长手中接下了兴旺的家业。由于雇工众多，每天消耗的口粮让守财奴心痛不已，于是没过多久，他就一意孤行地关闭了所有的铺子，遣散了所有的雇工，把家产全部变卖了，换成了既不用吃也不用喝的大金块，埋在一个隐秘之处。这块金子是守财奴的心头肉，令他朝思暮想，忧心不已。几乎每隔一天，他都会趁着夜深人静的时候，悄悄地把金子挖出来，审视、把玩一番。就这样过了几年。后来，有人留意到了他的行踪，猜出了内中隐情，趁他不备把金子挖走了。守财奴再去时，发现那个地方已经空空如也，于是拉扯着头发，号啕大哭起来。有一个过路人见到了痛不欲生的守财奴，问明了缘由后，竟笑了一笑，对他说："朋友，别灰心丧气，其实你并没有拥有原先的那块金子。不如拿块石头，权充金子埋入土中，这么做也能弥补你的损失，因为据我所知，你有金子时，也从没动用过。"

这个故事告诉我们：一切财物如不使用，就等于没有。从投资的角度来说，如果你的钱不能为你创造价值，就等于被埋的"石头"。

增加财富只有两种途径：要么是努力工作赚钱，将钱存到银行，增加账面存款；要么就是投资，让钱生钱。我们发现，在现在这个经济高速发展的时代，单纯靠赚钱攒钱的第一种途径，很难实现生活无忧、经济自由的目标。

也许你会说："投资、理财，说起来容易做起来难，既麻烦又有风险。其实不懂得投资又怎样，以前我们的父母都这样过来了，难道我不可以如法炮制老一辈的经验吗？"甚至也有人会说："钱够用就好了，大不了老了之后，我回老家种田去，照样可以活得很快活！"

然而，现实是这样的吗？

虽然每个人都有选择生活方式的自由，但大环境的变化，迫使你不得不面对这样的事实：千真万确的是——安稳守财的时代已经过去了！今天的你，随时可能遭遇通货膨胀、金融危机、失业、破产等各种不可预测的状况。无论何时，一旦你手头一无所有，那么，流落街头就不是什么奇怪的事情了。

从整个大环境来说，近年来，全球经济形势堪忧。自 2008 年秋以后，金融危机冲击全球经济，世界经济一直处于颠簸之中，油价上涨惊心动魄，通货膨胀的压力骤然加大。目前，世界经济在政策刺激等短期因素的作用下开始走出衰退，缓慢复苏，但经济复苏路径和复苏前景仍面临着宽松政策调整、通胀预期、大宗商品价格上涨、贸易保护主义、失业率上升、美元贬值预期加深等不确定因素。世界经济放缓，势必将给中国经济带来影响，例如贸易保护主义引发的外需下降是未来中国经济的主要下拉动力，它既影响中国的出口贸易，也给就业带来更大压力。

更严峻的事实是，截至 2015 年，我国 60 岁以上的老年人口已达到 2.2 亿，而且人数还在上涨，人口老龄化仍在加剧。随着我国经济发展的速度日益加快，人口老龄化给中国的经济、社会、政治、文化等多方面的发展带来了深刻影响，解决庞大的老年群体的养老、医疗、社会服务等方面需求的压力也越来越大，养老问题越来越成为社会的一项负担。一般来说，我国法定退休年龄为男 60 岁，女 55 岁，以平均寿命统计，这些退休人员至少还有 20 年以上的退休生活。虽然社会养老保险一般是城乡老年人在养老保障上的首选，但社会的力量毕竟有限，急剧增长的老龄化压力已使政府的负担越来越重，"养"和"医"的问题也已经越来越迫切，大部分老年人也越来越不愿意选择依靠子女养老。

如何才能摆脱单一的依靠社会保险来为老年生活买单的状况呢？这一切都需要你提前准备好满满的荷包。财务专家们发现，最好的方法是，无论你本人是在劳动还是在休息，你的钱都在一刻不停地为你而工作。只有这样，危机来临之时，你才能从容应对。

只知道攒钱会越来越穷

大多数人赚取的人生第一桶金往往是靠打工实现的，所以在投资的时候用钱会非常谨慎。

很多人会有这样的观念：现在自己的金钱资本太少了，先攒两年吧，等储蓄多了再拿出来投资。等两年过后才发现，物价上涨，这点钱还是不够投资的，于是再攒两年吧。攒来攒去，发现即使一辈子也攒不到投资用的钱，于是就不再攒钱，而是找地方消费去了。

没有一个富翁是靠攒钱发家的。建立理财观念的第一步，就是要意识到挣钱和攒钱的区别。在物价上涨或货币贬值的时候，攒钱往往会使人变得越来越穷，富人则往往会在该省钱的时候省，该花钱的时候花，绝不含糊。

当然，同样多的钱该如何花，方式不同最终产生的结果会很不一样。会花钱，钱能给你带来几倍、几十倍甚至几百倍的收入；不会花钱，钱花了以后不但没有任何收益，甚至还会赔钱。如何花钱，往往成为富人的工作——他要将钱花得有价值。

犹太巨富比尔·萨尔诺夫小时候生活在贫民窟里。他家里有6个子女，全家只依靠做小职员的父亲一个人的收入维持生计，生活极为困难。父亲挣的每1分钱都让全家人省了又省，没有一项多余的开支，全家人就这样勉强度日。在比尔15岁的时候，父亲告诉他："小比尔，你已经长大了，要靠自己来养活自己了。"

比尔听了父亲的话，外出打工，然后用挣到的钱经商。这也是犹太人的一个优良传统。3年后，比尔改变了全家人的贫穷状况；5年后，他们全家搬

离了贫民窟；7年后，他们在寸土寸金的纽约市中心买下一套房子。

日本的趋势专家大前研一在其新书《M型社会》中提出惊人的观察结论——攒钱可能会让你越来越穷，必须要学会让钱生钱，才是赚钱之道。他表示，“新经济”浪潮改变了经济社会结构，代表富裕与安定的中产阶级，目前正在快速消失，其中，大部分向下沦为中、下阶级，导致各国人口的生活方式，从倒U形转变为M形社会。

回想过去在倒U型社会中，理财等于存钱，人们习惯手头一有闲钱，就往邮局或银行定存账户里头放，有时候连利率是多少都不太关心。但在M形社会，储蓄虽然是累积资本的第一步骤，不过只会存钱的“守财奴”，很快就会被打入中、下阶级，因为通货膨胀侵蚀获利的速度比利率上涨的速度快得多，把钱存进银行，只会越来愈少！

M型社会的理财，应该是透过资产配置的风险控管效果，将资金分配在不同的工具中，以求最具效益的获利率，达成各阶段生涯规划。简单地说，随着可利用的金融工具愈来愈多，例如基金、股票、债券，可选择的市场越来越广，例如欧、美、日新兴市场与中国股市。我们为何总是墨守利率高不过CPI（居民消费价格指数）的定期存款，而不去追求相对更多更稳定的报酬率呢?

你可以跑不赢刘翔，但必须跑赢CPI

在理财投资的过程中，考虑物价因素是非常重要的。

小王、小李、小赵分别花40万元买了一套房子，之后又先后卖掉。

小王卖房子时，当时有25%的贬值率——商品和服务平均降低25%，所以小王卖了30.8万元，比买价降低23%。

小李卖房子时，物价上涨了25%，结果房子卖了49.2万元，比买价高23%。

小赵卖房子时，物价没有变，他卖了32万元，比买价低20%。

在这个过程中，三个人谁做得最好呢?

大多数人可能会认为是小李做得最好，而小王表现最差。为什么？因为大多数人只看到了小李卖的价格最高，而小王卖的价格最低。但是事实上是小王表现最好，因为考虑到通货膨胀的因素，他所得的钱购买力增加了20%，他是唯一再买这样的房子不需要贴钱的人。

这个事例告诉我们，在不同的时期，因为物价的不同，在进行投资理财的时候，一定要考虑到物价因素，考虑到当时的购买力，不能停留在3年前或者5年前的物价水平去思考。

物价是我们进行投资的一个非常重要的风向标。我们要看清楚物价的走势，找到准确的投资方向，抓住理财的最好时机。就像炒股票时，要购买有升值空间的股票一样，要求你有灵活的思维，从市场的定向去判断投资理财的方向。比如你定期储蓄5年，到期后，所得利率收益加保值利息，再除去通货膨胀部分将所剩无几，这就是你没有跑在物价的前面，或者说你根本就没有考虑到物价对投资理财的影响。

抵御物价上涨，维持自己的财富保值增值的工具有很多，房产、股票、基金、人民币理财产品、黄金……但是对于很多人来说，如何选择适合自己的理财产品，却是一件颇为头疼的事情。面对一路高涨的物价，到底该做何选择？

“你可以跑不赢刘翔，但你必须跑赢CPI。”这是近年来在网上最为流行的话语之一。一时间，似乎什么商品都在涨价，大到房产，小到猪肉、鸡蛋，虽然我们的名义工资收入没有变化，但实际的购买力却在下降。跟上物价上涨的步伐，合理进行理财投资，已经成为很多人亟待解决的问题。

物价上涨，让人们对理财投资产生了更大的需求，都希望能够找到一种让自己的资金保值增值的方法。其实，方法很多，各有各的特点，我们要根据自己的收入情况和理财态度，慎重选择适合自己的理财方式，切不可盲目地进行投资，否则只能是哑巴吃黄连。

一生赚多少钱才够

有的人会问：我们究竟要赚多少钱才能满足，才能够花啊？

这要根据你对自己的要求来定了。有人做过一个统计：

假设不买漂亮衣物，不下馆子，不旅游，不买房，不看电影，不听音乐，不玩电脑，不交际，不赡养老人，不结婚，不生孩子，当然也不生病等，一切生活所必需的东西都作为奢侈品摒弃掉，只有一日三餐、一间小屋，几件为保暖和遮羞的换季衣物，每月400元人民币可能就足够了。

从出生到成年这18年中，我们有长辈关照；如果我们幸运地能一直干到60岁，那么这42年是为将来作准备的；60~80岁这20年里，如果以前面说的每月400元的生活水准计算的话，应该有9.6万元的养老准备金，还不算上超过80岁的用钱期。这样一来我们就知道了自己挣多少钱才够用。在货币价值稳定、没有通货膨胀的前提下，我们仅为生存，每月挣1 000元就够了。其中400元用于现在的支出，400元留作养老，另外200元用于年老时的医疗，因为那时疾病会频繁地光顾你。

如果你对400元的生活水准充满恐惧，如果你现在每月挣2 000元还觉得不够花，那么你将来的生活就要设定在这个基础之上，现在你每月就得挣4 000 ~ 5 000元；如果你打算出国深造、打算投资、打算旅游，那么这个数目就远远不够了。

你追求什么样的生活水准就要有相应的金钱储备，当然，相信每个人都不想过那种每个月400元就足够的生活。谁不想让自己的生活上档次呢？谁不想在吃饱穿好之余，去旅游，去KTV，去看电影，去听音乐会呢？

高标准的生活就要求你必须能够有足够的金钱储备，这就要求你有赚钱的本事，有让钱生钱的本事，而不是把钱放在银行或保险柜。

让钱变出更多的钱

在计划经济时代，钱是一个被回避的话题，人们挣的钱不多，相互之间也没有什么差别，根本没有理财的观念。但是，在市场经济时代，情况发生了变化。钱不仅仅是人的价值的一种体现，更主要的是人们生活的前提条件之一。时下流行的一句话：有什么别有病，没什么别没钱。

大家都听到过很多中500万元彩票，但在几年内挥霍一空变成穷光蛋的故事，问题就是其没有利用中奖资金创建稳定的现金流。

理财的最高境界莫过于“会理、敢理、巧理”，简言之：让钱“生”钱。记得有句经典的话：投资是一样神奇的东西，再赔，它也只能输掉你手头的，但一旦赢起来，它却能不受限制地翻倍。虽然这句话听起来有失偏颇，但至少，它给我们一个暗示：投资，让钱去“生”钱！钱能生钱，也能“生”出富人。

普利策出生于匈牙利，后随家人移居到美国。美国南北战争期间，他曾在联盟军中服役。复员后学习法律，21岁时获得律师开业许可证，开始了他独自创业的生涯。普利策是个有抱负的青年。他觉得当个律师创不了大业，经过深思熟虑，他决定进军报业界。

那时候，普利策仅仅有靠半年打工挣的微薄收入，不过正是靠这一点点的钱，他才逐步走向成功。

“只要给我一个支点，我就能使地球移动”。普利策决心先找一个“支点”，有了“支点”再去实现移动“地球”的壮举。据此，他千方百计寻找进入报业工作的立足点，以此作为他千里之行的起点。终于，他找到圣路易斯的一家报馆。那老板见这位青年人如此热心于报业工作，且机敏聪慧，便答应留下他当记者，但有个条件，以半薪试用一年后再商定去留。

为了自己的理想，他接受了半薪的条件，他告诉自己，金钱多少并不重要，重要的是能够从这个机会中学到知识。

几年后，他对报社工作了如指掌，他决定用自己的一点积蓄买下一间濒临歇业的报馆，开始创办自己的报纸，取名为《圣路易斯邮报快讯报》。普利策自办报纸后，资金严重不足。那时候，美国经济正迅速发展，商业开始兴旺发达，很多企业为了加强竞争，不惜投入巨资搞宣传广告。普利策盯着这个焦点，把自己的报纸办成以经济信息为主，加强广告部，承接多种多样的广告。

就这样，他利用客户预交的广告费使自己有资金正常出版发行报纸，发行量越来越大。开办5年，报社每年为他赚15万美元以上。他的报纸发行量越多，广告也越多，他的收入进入良性循环，不久他发了财，成为美国报业的巨头。

普利策能从两手空空到报业巨头，原因在于他不但善于使用自己的资金，

同时也善于使用别人的资金为自己服务。这就是聪明商人的绝妙之处，无论何时都是金钱的主人，让钱给自己挣钱。

当你经过努力有了一定的积累之后就要想想怎样让钱生钱，让钱变得更多，让自己变得更加富有，千万不要成为葛朗台，守着钱不放手，生怕钱会飞走！

如果你的金钱能够在你睡觉、娱乐的时候，还在不停地为你工作，那该是多么令人吃惊的事情啊！相反，你如果总是为了钱而去盲目地工作，那你就成了金钱的奴隶。看看那些富翁，哪个不懂资金的分配和利用？

有钱不置半年闲

一切财物如果不使用，就等于没有。从理财的角度说，如果你的钱不能为你创造价值，就等于是被埋的“石头”。

增加财富有两种途径，一是努力工作赚钱，把钱存进银行，增加账面存款；二是理财。但是在现在经济高速发展的阶段，单纯靠挣钱攒钱，难以实现增加财富的目的。

尽管城镇居民的人均收入有了一定的增长，但是这看上去比较高的增长幅度，却没能够获得更高的经济收益。尤其是城市里的上班族，总是感叹自己的薪水增长赶不上物价的上涨。

有学者说：“积累和消费是一对永远不会改变的关系。如果没有高于消费的积累，你的生活质量将会不可避免地下降。一个人的收入增长速度要跟得上消费者物价指数的增长，否则你的消费水平就会有风险。”所以，作为普通人，在面对短期内无法减少物价上涨带来的压力时，除了勤俭节约，还需要形成投资理财的习惯，以多挣钱来减轻压力。

很多人理财的目的不是为了发财，所以他们往往选择把钱存入银行，将钱闲置起来，认为这样做既没有太大的风险，每年回收的利息又能带来一定的回报。不过等年底兴冲冲地去查询存款额度的时候，他们会发现存款不是多了，而是少了。

这是因为，通货膨胀的速度往往会抵消甚至使银行的存款利率成为负值。比如说，银行存款 1 年期的利率为 2.25%，扣除 20% 的利息税，实际存款利率只有 1.80%。如果以 CPI 为 3% 计算，老百姓的 1 年期存款实际利率是负值。这就意味着 1 万元存进银行，1 年后就只有 9 790 元，有 210 元白白“蒸发”了！

财富闲置后收益就等于零，并且还要付一定的“折旧费”。最好的方法就是让钱动起来。高财商的人往往不会把钱存进银行，他们会把钱投资到不同的地方，以求获得最有效的收益。

你一生理财，财才理你一生

树立正确的理财观，能够帮助你更好地进行理财，要懂得只有你一生理财，财才能理你一生的道理，要把理财进行到底；要懂得在理财过程中，收益与风险是并存的，不要贪心，不要沦为金钱的奴隶；要根据自己的能力来判断是自己制定理财计划还是请教专家；面对财富一定要保持理性的头脑，不要盲目跟风，因为盲目跟风往往会吃亏，一定要看准了再下手。

无论你是给人打工还是自己创业，无论你是做公司白领还是管理一个企业，无论你从事什么职业，你都必须时刻注意自己的财务状况，时刻注意理财并且养成良好的理财习惯。

你要明确自己的理财目标，或者说是你生活的意义和生活的理想，或者说是你想达到什么样的财务目标。一个人只有知道自己需要什么追求什么的时候，才能去确定自己要怎么做。所以，如果你想过上富裕的生活，就要懂得理财，就要学会理财。

理财不是一段时期的事情，理财应该贯穿一个人的一生。根据美国生涯规划专家雪莉博士在其名著《开创你生涯各阶段的财富策略》中建议，个人的理财生涯规划应该是：4 岁开始不早，60 岁开始也不迟。

4 岁至 9 岁——学习并掌握理财的最基本知识，包括消费、储蓄、给予，并尝试理财。

10 岁至 19 岁——学习并开始逐渐养成良好的理财习惯。除了上一阶段的

消费、储蓄、给予之外，还增加了学习使用信用卡和借款的课题。

20岁至29岁——建立并实践成人的理财方式。除了消费、储蓄、给予之外，你可能准备购买第一辆汽车、第一套房子。你应该开始把收入的4%节省下来，作为养老金投资。如果你已结婚并育有小宝宝，你需要购买人寿保险，并开始为孩子的教育费用进行投资。

30岁至39岁——可能准备购买一套更大的住房、一辆高级轿车与舒适的家具。继续为子女的教育费投资，同时把收入的10%节省下来，作为养老金投资。别忘记购买人寿保险，并向孩子传授理财的知识。

40岁至49岁——实行把收入的12%~30%节省下来作为养老金投资。这时，你的孩子可能已经进入大学，正在使用你们储蓄的教育费。

50岁至59岁——切实把收入的15%~50%节省下来作为养老金投资，你可能开始更多地关心你年老的父母，开始认真地为退休作进一步决策。

60岁之后——向保本项目、收益型和增长型的项目投资。你可能会从事非全日制工作，可能会继续寻找充实自己的机会。

从上面能够看出，理财真的是一辈子的事情，每个阶段有每个阶段的内容，只有把理财进行到底，自己才能成为财富的支配者。

从梦想到行动有多远

第一个故事：

一位乞丐在街上要饭，一天下来只有三个人给他钱。第一个人给了他一张百元大钞，第二个人给了他一枚硬币，第三个人给了他一元钱，但同时给了他一张纸条，上面写着："致富之路不在脚底，而在脑袋。"之后，这位乞丐从街上消失了。

后来，这位乞丐成了亿万富翁！

第二个故事：

一个国王要感谢一个大臣，就让他提一个条件。大臣说："我的要求不高，只要在棋盘的第一个格子里装1粒米，第二个格子里装2粒米，第三个格子里装 4 粒米，第四个格子里装 8 粒米，以此类推，直到把 64 个格子装完。”

国王一听，暗暗发笑，认为大臣的要求太低了，同意照此办理。可是没过多久，棋盘就装不下米粒了，改用麻袋装，麻袋也装不下，改用小车装，小车也装不下了，粮仓很快告罄。数米的人累昏无数，那格子却像个无底洞，怎么也填不满……国王终于发现，他上当了，因为他会变成没有一粒米的穷者。

国王不知道一个东西哪怕基数很小，一旦以几何级倍数增长，最后的结果也会很惊人。

第三个故事：

在一次新闻发布会上，人们发现坐在前排的美国传媒巨头 ABC 副总裁麦肯锡突然蹲下身子，钻到了桌子底下。大家都目瞪口呆，不知道这位大亨为什么会在大庭广众之下做出如此有损形象的事情。

不一会儿，他从桌子底下钻了出来，扬扬手中的雪茄，平静地说：“对不起，我的雪茄掉到桌子底下了，母亲告诉过我，应该爱惜自己的每一分钱。”

麦肯锡是亿万富翁，照理说，应该不会理睬这根掉在地上的雪茄，但他却给了我们意想不到的答案。

很多人都有过这样的梦想，总希望自己有朝一日能财源滚滚，潇潇洒洒地做一回老板；拥有丰厚的财富，幸福美满地度过一生。许多人终其一生，却没有梦想成真。当我们面对这个光怪陆离的世界，我们情不自禁地兴奋、惊奇而又困惑——为什么有的人衣食无忧，有的人却落入行乞之境？为何人与人之间并非真正“生而平等”？为何富贵总是降临在少数人身上？环境和出身等因素，固然有时候是直接原因，但真正的决定性因素是什么呢？年轻人如何才能获得真正的尊严和财富？在与命运的较量与斗争当中，要想一举取胜，需要的智慧和勇气从何而来？

面对怎样获得财富、拥有财富的问题，很多年轻人都像身在密密麻麻的荆棘丛中一样。

面对“荆棘丛”，人们没有别的出路，唯有借助于智慧和勇气，斩断荆棘，走出一条属于自己的财富之路。

拥有财富的道理就在以上三个故事中。

人与人之间的差别并不大，重要的是你要有致富的梦想，然后积极调动

一切可以调动的因素，让你的大脑发挥到极致，隐忍不可避免的挫折和痛苦，这样，还有什么梦想不能实现呢？

你每年每月每天都在为钱烦恼？其实不是你收入太少，而是你缺少投资理财的方法。如果你现在生活得很不错，那你原本可以生活得更美好。

赚钱难，是因为你不知道如何把握赚钱的时机，更不懂得如何把钱好好地运用。

美国潜能开发学者希尔博士说："人人都能成功。"套用这句话，人人都能理财。

第 2 章 观念对了，理财就对了

投资理财不是有钱人的专利

在我们的日常生活中，许多人有“有钱才有资格谈投资理财”的观念。对于年轻人来说，他们更是会说：“每月就那么点固定收入，应付日常生活开销就差不多了，哪来的余财可理呢？”“理财投资是有钱人的专利，与自己的生活无关”仍是大多数人的想法。

事实上，越是没钱的人越需要理财。举个例子，假如你身上有 1 万元，但因理财错误，造成财产损失，很可能出现危及你生活保障的许多问题，而拥有百万、千万、上亿元“身价”的有钱人，即使理财失误，损失其一半财产亦不致影响其原有的生活质量。因此，必须先树立一个观念，不论贫富，理财都是伴随人生的大事，在这场“人生经营”的过程中，愈穷的人就愈输不起，越要以严肃、谨慎的态度去对待理财。

理财投资是有钱人的专利，大众生活信息来源的报刊、电视、网络等媒体的理财方法是服务少数人理财的“特权区”。如果你真有这种想法，那你就大错特错了。当然，在芸芸众生中，所谓真正的有钱人毕竟占少数，中产阶层、中下阶层仍占绝大多数。由此可见，投资理财是与生活息息相关的事，

没有钱的穷人或初入社会又无一定固定财产的中产等层次上的“新贫族”，都不应逃避。即使捉襟见肘、微不足道亦有可能“聚沙成塔”，何况运用得当更可能有“翻身”的契机呢！

其实，在我们身边，一般人光叫穷，时而抱怨物价太高，工资收入赶不上物价的涨幅；时而又自怨自艾，恨不能生在富贵之家；时而有些愤世嫉俗者轻蔑投资理财的行为，认为那是追逐铜臭的“俗事”；时而把投资理财与那些所谓的“有钱人”画上等号，再以价值观贬抑之。殊不知，这些人都陷入了矛盾的思维中——一方面深切体会金钱对生活影响之巨大，另一方面却又不屑于追求财富。

因此，必须要树立的观念是，既知每日生活与金钱脱不了关系，就应正视其实际的价值。当然，过分看重金钱亦会扭曲个人的价值观，成为金钱的奴隶，所以要诚实面对自己，究竟自己对金钱持何种看法？金钱问题是否已成为自己“生活中不可避免之痛”了？

财富能带来生活的安定、快乐与满足，也是许多人追求成就感的途径之一。适度地创造财富，不被金钱所役、所累是每个人都应有的中庸之道。要认识到，“贫穷不可耻，有钱亦非罪”，不要忽视理财对改善生活、管理生活的积极作用。

最关键的起点问题是要有一个清醒而又正确的认识，树立一个坚强的信念和必胜的信心。我们再次忠告：理财先立志——不要认为投资理财是有钱人的专利——理财从树立自信心和坚强的信念开始。

不要等有钱了再理财

一个名叫丽莎的理财专家在书中写道：

很多人都会因为自己的低收入而抱怨，断定自己是不能成为富翁的。一旦存在这种想法，即使这个人以后的收入很多，也永远不可能成为富翁。因为他们根本没把小钱放在眼里，也不懂得水滴石穿的道理。

越有钱的人越抠门，而穷人常会穷大方，可是我们应该想到，如果他没有吝啬的精神，也就不可能成为富翁了。抱有得过且过之心来对付自己的财富，是个人理财过程中最普遍的障碍，也是导致有些人退休时经济仍无法独立的主要原因。许多人对于理财抱着得过且过的态度，总认为随着年纪的增长，财富也会逐渐成长。

很多年轻人总认为理财是中年人的事，或有钱人的事，到了老年再理财也不迟。其实，理财致富，与金钱的多寡关联性很小，而理财与时间长短的关联性却相当大。人到了中年面临退休，手中有点闲钱，才想到要为自己退休后的经济来源做准备，此时却为时已晚。原因是，时间不够长，无法让小钱变大钱，因为理财至少需要二三十年以上的时间。10 年的时间仍无法使小钱变大钱，可见理财只经过 10 年的时间是不够的，非得有更长的时间，才有显著的效果。

既然知道投资理财致富，需要投资在高报酬率的资产，并经过漫长的时间作用。那么我们应该知道，除了充实投资知识与技能外，更重要的就是即时的理财行动。理财活动越早开始越好，并培养持之以恒、长期等待的耐心。

不要再以未来价格走势不明确为借口来延后你的理财计划，又有谁能事前知道房地产与股票何时开始上涨呢？每次价格巨幅上涨，人们事后总是悔不当初。价格开始起涨前，没有任何征兆，也没有人会敲锣打鼓来通知你。对于长期的且具有高预期回报率的投资，最安全的投资策略是——先投资，再等待机会，而不是等待机会再投资。

人人都说投资理财不容易，必须懂得掌握时机，还要具备财务知识，总之要万事俱全才能开始投资理财，这样的理财才能成功。事实上并不尽然，其实，许多平凡人都能够靠理财致富，投资理财与你的学问、智慧、技术、预测能力并不完全相关。

归根结底，看你是不是能做到投资理财该做的事。做对的人不一定很有学问，也不一定懂得技术，他可能很平凡，却能致富，这就是投资理财的特色。一个人只要做得对，不但可以利用投资成为富人，而且过程也会轻松愉快。因此，投资理财不需要天才，只要肯运用常识，并能身体力行，必有所成。因此，投资人根本不需要依赖专家，只要拥有正确的理财观，可能比专家赚得更多。

自己动手还是委托专家

有人会问：“理财到底要靠自己还是要请专家呢？”这个问题没有固定的答案，是仁者见仁、智者见智的问题。

有的人认为委托专家是明智之举。理财不仅是一件“技术活”，也是一件“力气活”。现在市场上各种投资产品不断涌现，市场行情瞬息万变，这不仅要求投资者具备充足的专业知识，更要求他们投入不少的精力和时间，这对大多数非专业的人士而言是一种苛求。在这样的背景下，“专家理财”应运而生。

你是否会为装修房子而辞去工作、特地去学建筑设计，然后再亲自动手装修呢？当然不会。你会找一个值得信赖的设计师，让他帮你制定出最好、最适合你的装修计划。投资也是一样，专业人士的建议会让你坐享其成。术业有专攻，理财靠专家，专家拥有更多投资渠道。个人投资者一般只能在二级市场进行投资，不能参与一级市场的发行行为，而机构既可在二级市场进行交易，还可以在一级市场通过承销、包销活动获得丰厚的利润；专家选用的投资方式更为灵活。机构投资者既可以进行现金交易，也可进行回购交易和套利交易，个人只能进行现金交易；专家可选择更多的投资品种。机构投资者可以投资于一些个人无法选择的品种。例如，国内的金融债券目前主要面对机构发行，在很多情况下个人无法购买。金融债券的利率比国债高，而且风险又比企业债券低，是比较理想的安全、高效的理财工具。机构投资者既可以投资交易所上市债券，也可以投资在银行间市场发行的债券，而个人只能在交易所购买上市国债。专家理财既可以投资固定利率债券，又可以投资浮动利率债券。

有效的投资组合需要投资者对不同的理财工具具有全面的了解，并要花费大量时间和精力。如果投资者能够用于投资活动的时间和精力有限，又缺乏相关的投资专业知识和信息来源，不如把时间花在选择优秀的理财机构方面，从而通过专家理财，达到资本保值、增值事半功倍的效果！

这样的说法也很有道理，毕竟隔行如隔山。理财投资也是一门很大的学问，靠自己似乎太麻烦，也有点困难。专家的建议是很好的参考。

但是也有的人提出了不同的看法。他们认为专家也有智愚之分，不同的专家坐于堂上，长篇大论，谁是谁非，谁对谁错，很难分辨。即使有可信的专家，也不能靠其一生。就像国内期货市场活跃着一批擅长行情评论的人士，其中也有不少颇有见解的专家。但这么多年以来，很多人对这种专家评论有诸多看法，甚至颇有微词。这中间可能还是由于我们在听取专家意见时没定位好自己的角度。

投资赚钱是自己的，评论是别人的。我们对那些专家评论应该用不同的角度来看待。

比如说很多人都喜欢的意甲、英超足球，真可谓是高水平的竞技表演，这其中也不乏著名的足球解说员、足球专业记者。每次精彩的比赛转播，有了他们独到的讲解和富有哲理的评论，都能使比赛更有趣，使我们对整个比赛了解得更加入木三分。

专家的意见是有不错的参考价值，但是最重要的是不能盲从专家建议，要根据自己的实际情况，作出理智的投资选择，这样才能保证更大的收益机会。

所以，投资者在投资理财过程中可以听取专家意见，但关键还是靠自己，自己更要树立正确的理财观。

戒贪，财富不是天上的馅饼

在投资理财的过程中，贪婪是大忌，一旦被贪念占据了上风，就很难把握住自己的投资方向和投资额，很容易成为投资浪潮中的牺牲品。

在投资领域有人赚钱了，有人赔钱了，同样的投资但是结果往往截然不同。著名的投资大师巴菲特就是“能赚钱”的典型，而其能赚钱的原因，也在于其能够长期坚持正确的投资理念，不因市场诱惑而改变。巴菲特的投资理念是“投资要学会耐心等待，只有等‘市场先生’犯错误，股票被严重低估时才买进”。巴菲特言行一致，中石油 H 股股价在 1.20 港元净资产附近时，投资者因恐惧而大量抛售中石油股票，有了机会，巴菲特才大量买进。因为股价仍然被低估，巴菲特才一股未卖。

巴菲特卖出中石油股票，一是因为其纯利（加上每年分红）已经高达10倍而获利了结；二是从国际视野看，中石油H股股票也并不便宜。而巴菲特的投资策略是从牛市高潮中退出，越涨越卖出。

值得一提的是，巴菲特的“长期投资理念”是有条件的，即所持股票估值处于被低估状态，否则也需要“见好就收”。他给我们最主要的启示或许就在于，留一段上涨的空间给别人赚，千万不要太贪婪；而他备受投资者推崇的另一个原因还在于他“人不入地狱，让与我；人争上天堂，送给你”不战而屈人之兵的投资胸怀。

贪婪和恐惧要不得的原因主要在于，投资者学习巴菲特的操作方法而又缺乏坚持估值标准的耐心等待，缺乏坚定拒绝诱惑而不改变买进、卖出的原则。在投资时，投资理念“三心二意”，左右摇摆，再加上其因追随市场而贪婪，又因追随市场而恐惧，以致丢失了“投资原则”。

李嘉诚曾告诫人们当生意更上一层楼的时候，绝不可有贪心，更不能贪得无厌。投资不能过于贪心，否则将由“1%的贪婪毁坏了99%的努力”。有一位老年朋友，退休后闲暇无事，总想着如何发大财，看到一些人买彩票中了大奖，他便跃跃欲试。如果是小打小闹，碰碰运气倒也罢了，而他却把全部积蓄拿出来，每期必买，以为投入越多，中奖的概率就越大。有人劝他不要冒这样的风险，他哪听得进去，依然全身心地投入买彩票中。每期开奖前他都忐忑不安，精神高度紧张，得知自己未中奖便陷入烦恼和焦虑之中。这样几年下来，20多万元的投资全部打了水漂，老婆孩子都埋怨他财迷心窍，他的情绪坏到了极点，甚至连跳河上吊的念头都有。多亏大家相劝，钱财都是身外之物，生不带来死不带去，况且每月还有退休金，生活不会有大问题，这样他的情绪才慢慢稳定下来。

这位老年朋友的教训就在于“不知足”，贪财欲望过高。老子在《道德经》中曾云：“不知足虽富亦贫。”孔子在《论语》中提出人的一生要有“三戒”，其第三戒是：“既及老也，血气既衰，戒之在得。”“得”就是贪得。

贪婪是投资理财的大忌，财富不是天上的馅饼。不要把投机错当成投资，有些要靠运气才能赚钱的行当最好不要轻易涉足，在还没有把握一项投资的真实情况时不要轻易把钱投入。在投资的时候，一定要保持理智，不要觉得一个产品稳赚不赔，就全部投入，这样会让你承担的风险变得很大，已经超出了你能够承担的能力范围，不要被一时的利益冲昏了头脑。不要为了获得多一点、再多一点的利益错过了最好的卖出时机。

别跟风，不做盲目的“羊群”

羊群是一种很散乱的组织，平时在一起也是盲目地左冲右撞，但一旦有一只头羊动起来，其他的羊也会不假思索地一哄而上，全然不顾前面可能有狼或者不远处有更好的草。在生活中，我们也经常不经意地受到“羊群效应”的影响。

经济学里经常用“羊群效应”来描述经济个体的从众跟风心理。因此，“羊群效应”就是比喻人都有一种从众心理，从众心理很容易导致盲从，而盲从往往会陷入骗局或遭到失败。

或许很多人会对此嗤之以鼻，人类的智慧当然远远高于这些平常动物了。可事实上，在日常生活中，“羊群效应”也很容易出现在我们自己身上。最常见的一个例子就是进行投资时，很多投资者就很难排除外界的干扰，往往人云亦云，别人投资什么，自己就跟风而上；而在结伴消费时，同伴的消费行为也会对自己的消费产生心理和行为产生影响。

随大流是很多人的习惯，你看人家都这样了咱也学人家吧。持有这样的观点的人永远也发不了财。像投资基金，若是2005年或2006年上半年在大多数人不看好的前提下投入的话，2006年年底可就1万元变2万元，2万元变4万元了。2006年年底大家都看基金赚钱，都买入，那么100%的回报就不太可能了。

可见，在不了解投资内情的情况下，不要盲目地跟风，我们一定要找人少的那条路走，大家都“扎堆”而去的地方未必是好地方；投资也不能跟风盲动，一定要找到适合自己的投资方式。

股市是“羊群效应”的多发地。股市的财富效应，让许多人觉得遍地是黄金，关键就是你的眼光和信息准不准，于是“宁可犯错，也不能错过”成为许多

散户共有的心理，他们一是推崇身边的投资高手，二是盲目迷信各种来源的小道消息。

但事实上对于处在信息不对称和市场劣势的散户来说，要想成功地连续跑赢机构和大盘并不是那么简单。很多在公开场合经常吹嘘自己的投资如何成功的人，往往挑选的是自己一部分成功投资的“亮点”在大家面前炫耀。有的人都有过一些成功投资的经历，但是对于自己投资失败或是不足的经历，他们就很少向朋友和同事们透露。

因此，如果当你遇到这样的投资高手，切勿因为他们的只言片语就觉得别人总是赚钱比自己多，赚钱比自己快，影响了自己的正常心态。

而现在坊间流行的小道消息也同样值得投资者戒备。随着网络的普及，“消息”正以我们不曾觉察的速度影响着我们的投资决策。由于2007年以来入市的多是一些没有实际操作经验的新股民，他们最喜欢的就是从各种网站的股票、基金论坛上捕风捉影，有的人甚至愿意花上不菲的价格购买“机密信息”。结果就是很多人陷入了炒股只炒“代码和简称”的误区，一不知道上市公司的主营业务，二不了解公司的财务状况，只是凭借一些似有似无的小道消息就敢扑下自己的数十万资金，犯错不怕，只担心错过，误了赚钱的好时机。对于这种小道消息带来的“羊群效应”，投资者还是远而避之为好。

理财必须要克服自己的从众心理，不能盲目跟风，不仅在投资时要克服从众心理，在日常消费中也要克服这样的“小毛病”，让自己的理财能力体现在生活中的各个方面。

养成良好的投资习惯

《富爸爸，穷爸爸》里的富爸爸没有进过名牌大学，他只上到了八年级，可是他这一辈子却很成功，也一直都很努力，最后富爸爸成了夏威夷最富有的人之一。他那数以千万计的遗产不光留给自己的孩子，也留给了教堂、慈善机构等。

富爸爸不光会赚钱，在性格方面也是非常的坚毅，因此对他人有着很大的影响力。从富爸爸身上，人们不光看到了金钱，还看到了有钱人的思想。富爸爸带给人们的还有深思、激励和鼓舞。

穷爸爸虽然获得了耀眼的名牌大学学位，但却不了解金钱的运行规律，不能让钱为自己所用。其实说到底，穷与富就是由一个人的观念所决定的，但容易受周围环境的影响。

所有的有钱人都有一个共同的观念：用钱去投资，而不是抱着钱睡大觉。

正确投资是一种好习惯，养成这种习惯的人，命运也许会从此改变。而那些拥有了财富就止步的人，将会重新回到生活的原点。

一个人如果不养成正确投资的好习惯，让钱在银行睡大觉，就是在跟金钱过不去，就是在变相削减自己的财富。有很多人劳苦一生，到头来却还是穷人，就因为这些人不会把钱变成资本。

可以这样说，穷人都不是投资家，大多数穷人都只是纯粹的消费者。要想不再做穷人，就不但要努力挣钱，用心花钱，而且还要养成良好的投资习惯，主动猎取回报率能超过通胀率的投资机会，这样才能真正保证自己的钱财不缩水，才能逐渐接近自己的财富目标，才能过上更好的生活。

不过想投资首先还要会投资，正确投资。同样是一套房产，购买者可以自己住，也可以出租，还可以转手卖出。同是一套房产，购买者的不同处理方法就会产生不同的收益。

同样是花钱，有时可能是投资，有时又可能是消费，关键就要看花钱的最终目的是为了以后不断挣钱，还是单纯就为了花钱而花钱。

假如你花钱购买了一套房子，目的是为了让房租落入自己的口袋，那购买这套房子就是投资；如果购买这套房子，只是为了改善自己的居住条件，那它就变成了你的消费。

有钱人总会想尽一切办法把自己的钱变成资产；而穷人却总会心甘情愿地享受消费的乐趣。追其根本，无非是观念的不同。没钱人低头劳动，有钱人抬头找市场；没钱人用心挣钱，有钱人用心投资；没钱人空手串亲戚，有钱人慷慨交朋友；没钱人伸手领工资，有钱人考虑发工资；没钱人等待被选择，有钱人细细选择别人；没钱人学手艺，有钱人学管理；没钱人听奇闻，有钱人创奇迹。

有的人说：我没有钱怎么投资？多年之后，他将依然是穷人；有的人说：我很穷，所以我必须投资，几年后他将成为有钱人。

现实中不少人因为没有钱，但愿意尝试，从无到有，聚沙成塔；现实中还有很多人由于没有钱，因此什么都不肯改变，只能贫困一生！成功的投资者都是具有积极向上的心态和持之以恒精神的人。富有与贫穷，往往只在一念之间。

贫穷本身并不可怕，可怕的是习惯贫穷、蔑视投资的思想。长期的贫穷会消磨人的斗志，封闭人的思想，使人变得麻木而迟钝。思想上对贫穷的退让，会引起行动上在致富之路上的失败，最终只能一生与贫穷相伴。

只有那些崇尚财富，不向贫穷低头的人才会得到财富的垂青，才能成为真正的有钱人。

个人投资要量力而行

你可以大胆地投资，但是一定要量力而行，不要借钱，不要抵押，不要典当，不要刷信用卡，不要将身家性命全部拿来赌，只用些不怕全亏光的闲钱来投资。你能承受100%的风险，你就有勇气和耐心博取任何暴利，无论牛市或熊市，你都可以去投资，市场时时有机会，只要它不关门。

投资不在乎钱多钱少，几百元也可以开始，几千万元也不算很多，积少可以成多，细水长流终成江河。理财的核心是开源节流，投资的核心不外乎两个词：勇气、耐心。理财不等于投资，投资更不等于理财，因为不投资也是理财的一种开源途径。比如，你现在月收入1万元，你不做任何投资，你只是将钱存在银行里，也不用存定期，全是活期，你说，你的生活是不是非常的宽裕和轻松？当然，你肯定会说，那我退休后怎么办？家人生了大病怎么办？有了孩子怎么办？万一以后不能再每月赚1万元怎么办？那你需要知道一个永远也不可能有第二个人会告诉你的真相：金融业之所以存在，就是因为它用尽了无数的手段，唬得你整日杞人忧天！麻雀如果也像人类这样杞人忧天，那么它们也一定会来炒房、炒股，你懂了吗？这就是为什么不投资也是理财的一种开源途径。投资，你必定有赚有亏。不投资，你等于投资收益率永远为0，而0永远比任何亏损强万倍。以不变应万变，以静制动，无为而无不为，这才是投资的最高境界！

关于投资我们要做的准备有如下几点。

建立应急基金

手上要有现金或者现金等价物，如随时可以提取现金的银行卡。有人认为货币基金或者股票有很好的流动性，但如果有变现时差存在，还不能完全等同现金。

正确运用信用卡

当意外事情发生时，如失业或者疾病，信用卡透支额可以帮人渡过难关。但事实上，很多背负信用卡债务的人并没有失业或者染病，他们只是用信用卡去购买暂时无力用现金购买的东西，并背负16%左右的债务，那是愚蠢的。

为未来的生活投资，而不是为金钱本身。在利率低的时候，一方面，因为通货膨胀以及学费增长，存款账户里的钱很难支付孩子未来的学费，虽然看上去你做了计划；另一方面，看到利率太低的人却可能盲目投资，你要明白的问题是，你为什么要投资？为教育还是为养老？或者只是追求购买豪华别墅？不同的生活打算，投资计划及风险承担是有很大区别的。

转移风险与购买保险

买保险的本质就是花钱转移风险。如果某个意外事件发生，对你的财务影响到你不能接受的程度的时候，购买保险就是找到为你买单并带来财务稳定的人。记住，有些风险是你能承担的，有些风险带来的财务波动太大，比如重大疾病、意外伤亡等，就最好转移给保险公司。买保险要注意给付条件是不是你担心的条件，否则货不对板，就不能达到雪中送炭的效果了。

减少债务和为债务投保

如果有足够的支付能力就尽量减少债务，因为意外发生的时候，债主并不会心慈手软。信用卡的债务、购楼购车的债务都是受法律保护，要定期偿还的。同时，每增加一项负债，就等于增加了风险暴露程度，相应的保额就要提高。也就是说，你要多付一点保费，让保险公司在意外发生的时候为你的债务买单。

理财需要提前规划

有的朋友常常会误解，认为理财就是生财，就是投资赚钱。然而这种狭隘的理财观念并不能达到理财的最终目的。理财是善用钱财，使个人以及家庭的财务状况处于最佳状态。对于钱不多的家庭来说，顺利的学业、美满的婚姻、悠闲的晚年，是多数人追求的目标。如何实现这些生活目标，金钱往往扮演着重要的角色。如何有效地利用每一分钱，及时地把握每一个投资机会，便是理财所要解决的。

成功的理财可以增加收入，减少不必要的支出，改善个人或家庭的生活水平，享有宽裕的经济能力，可以储备未来的养老所需。所以，从今天开始就要认识理财，做好理财规划，让理财伴随你的一生。

理财规划要规划什么呢？具体来说，应该从以下几方面着手。

投资规划

投资是指投资者运用自己拥有的资本，用来购买实物资产或者金融资产，或者取得这些资产的权利。目的是在一定时期内获得资产增值和一定的收入预期。我们一般把投资分为实物投资和金融投资。

实物投资一般包括对有形资产，例如土地、机器、厂房等的投资。

金融投资包括对各种金融工具，例如股票、固定收益证券、金融信托、基金产品、黄金、外汇和金融衍生品等的投资。

居住规划

“衣食住行”是人最基本的四大需要，其中“住”是投入最大、周期最长的一项投资。

房子给人一种稳定的感觉，有了自己的房子，才感觉自己在社会上真正有了一个属于自己的家。买房子是人生的一件大事，很多人辛苦一辈子就是为了拥有一套自己的房子。买房前首期的资金筹备与买房后贷款偿还的负担，对于家庭的现金流量及其以后的生活水平的影响可以延长到十几年甚至几十年。

教育投资规划

一定要对人力资本、对教育进行投资，它带来的回报是强有力的。变化的中国需要增加人力资本投资。早在 20 世纪 60 年代，就有经济学家把家庭对子女的培养看作是一种经济行为，即在子女成长初期，家长将财富用在子女的成长教育上，使之能够获得良好的教育。当子女成年以后，获得的收益远大于当年家长投入的财富。1963 年，舒尔茨运用美国 1929~1957 年的统计资料，计算出各级教育投资的平均收益率为 173%，教育对国民经济增长的贡献率为 33%。

在一般情况下，受过良好教育者，无论在收入或是地位上，确实高于没有受过良好教育的同龄人。从这个角度看，教育投资是个人财务规划中最具有回报价值的一种，它几乎没有任何负面的效应。

个人风险管理和保险规划

保险是财务安全规划的主要工具之一，因为保险在所有财务工具中最具防御性。

个人税务筹划

个人税务筹划是指纳税行为发生以前，在不违反法律、法规的前提下，通过对纳税主体的经营活动或投资行为等涉税事项作出事先安排，以达到少缴税和递延纳税等目标的一系列筹划活动。

退休计划

当代发达的医疗科学技术和极为丰富的物质文明带给人类的最大好处，是人类的健康与长寿。目前中国人已经把“人生七十古来稀”变成了“七十不老，八十正好”。

美国人则喜欢用“金色的年华”来形容退休后的生活。如何才能度过一个幸福、安全和自在的晚年呢？这就需要较早地进行退休规划，可以选择银行存款、购买债券、基金定投、购买股票或者购买保险等以获得收益。

遗产规划

遗产规划是将个人财产从一代人转移给另一代人，从而实现个人为其家庭所确定的目标而进行的一种合理财产安排。

遗产规划的主要目标是帮助投资者高效率地管理遗产，并将遗产顺利地转移到受益人的手中。

理财预则立，不预则废

在树立了正确的理财观念后，更重要的问题就是怎样才能掌握理财的技巧。理财是一门学问，是需要学习的，但是只要掌握了技巧，成为理财高手也不是一件困难的事。面对银行、保险、股票、基金、债券、外汇等众多的投资渠道，我们可以根据自己的情况制定自己的理财计划，而且，还可以依靠专业人士的帮助。总之，只要认真分析，总能找到适合自己的投资理财方式。

凡事预则立，不预则废。理财也不例外，进行投资理财之前要有一个明确的计划。摩根斯坦利资产管理公司的苏珊·赫什曼说："人们犯的最大错误是没有方向，不知道要实现什么目标。"如果没有明确的目标，自己的情绪很可能会随着每天股市的涨跌而起起落落，这是一种煎熬，与理财的初衷就相去甚远了，但是如果有理财目标的话，就可以很理性地面对市场的变化。

每个人都有自己不同的目标，比如你想要去欧洲旅游一番，而一些家庭想要买一部车，但是这些都只是一个模糊的想法而已。你究竟想要去欧洲哪几个国家？要旅行多久？住什么样的地方？……这些都是问题。不一样的计划需要的金钱也不一样。因此，应该把自己或者家庭的愿望转化成一个数字，一个明确、具体的理财目标。

把自己或者是家庭的愿望一个个都列举出来，划掉一些根本不可能实现的，把可行性目标列举出来。

目标要具有时效性，还要有一个可以检验的标准，例如，你想在两年的时间内买一部奥迪 A6，这个目标的时效性就是两年的期限，检验的标准当然就是赚的钱和一辆奥迪 A6 的标价比较。

还有一点，我们投资理财得到的回报都是金钱而不是我们想要的房子、汽车，所以，有了确定的目标还是不够的，接下来的事情就是要把我们的目标进行金钱的换算。在换算之前，要把自己的目标确定化，模糊的目标不能量化。比如，你想要买一辆汽车，那么你就要具体化你的汽车了，要考虑买什么牌子的，要什么性能的，并确定耗油量等因素，把这些都确定了之后，你就可以把你的目标换算成金钱了，总的金额算出来那就是你的目标。

有时候，你确定的目标要经过很长时间才能实现，这个时候，最好的办法就是把目标分解成几个阶段，设定小目标，把近期能够完成的小目标换算出来，尽快去制定计划，找到恰当的理财方式去实现，如果一个一个阶段的小目标实现了，那么距离自己的总目标就更近了。

同时，理财目标的确立必须与家庭的经济状况和风险承受能力相适应，这样才能确保目标的可行性。确立了阶段性的理财目标之后，理财活动才能有条不紊地进行。

理财越早越受益

张爱玲有句名言“出名要趁早”，事实上一个人若想达成某个愿望，都要提早动身，因为人生没有假设，没有可逆性，时不待人。

投资理财，当然也应是越早开始越好。

趁早开始理财的优势是什么?

在说明趁早开始理财的优势之前，我们需了解一个财务管理中非常重要的原理，即货币时间价值原理。所谓货币时间价值，是指货币（资金）经历一定时间的投资和再投资所增加的价值。简单来说，同样的货币在不同时间，它们的价值是不一样的。所谓价值我们可以认为是货币的购买力，即能买入东西的多少。现在的 1 元钱和一年后的 1 元钱，其经济价值是不相等的，或者说其经济效用不同。现在的 1 元钱，比 1 年后的 1 元钱经济价值要大，也就是说更值钱。

为什么会这样?

我们用一个简单的例子来说明。如果您将现在的 1 元钱存入银行，存款利率假设为 10%，那么一年后将可得到 1.1 元钱。这 0.1 元就是货币的时间价值，或者说前面的货币（1 元 1 年）的时间价值是 10%。根据投资项目的不同，时间价值也会不同，如 5%、20%、30% 等。

假设一年后，我们继续把所得的 1.1 元按同样的利率存入银行，则又过一年后，将获得 1.21 元。以此方式年复一年的存款，则当初的 1 元钱将会不断地增加，年限够长的话，到时可能是当初的几倍。这就是复利的神力！复利

也就是俗称的“利滚利”。

时间就是金钱！

我们知道了时间的神奇后，也就了解了同样的资金在5年前的投资和5年后投资的回报将会不同。所以，越早投资也就越快获得财富。就算你早一天投资，也会比晚一天要好！这就是趁早投资理财的理由，由时间来给你创造财富！

为了能够让自己拥有更多的财富，大家开始行动起来吧！

第3章 财商到了，财富就到了

追求财富首先要培育财商

“财商”这个词现在听起来已经不是很新鲜了。然而，回到一个最根本的问题：究竟什么是财商？

财商一词最早由美国作家兼企业家罗伯特·T.清崎在《富爸爸，穷爸爸》一书中提出。

所谓财商，是一个人认识金钱和驾驭金钱的能力。它是指一个人在财务方面的智力，是理财的智慧。它包括两方面的能力：一是正确认识金钱及金钱规律的能力；二是正确应用金钱及金钱规律的能力。

有的人认为财商就是理财能力，理财能力就是财商，这种理解是片面的。财商不是理财能力，理财能力仅仅是财商能力体现的一部分，财商是理财的灵魂、指挥官。财商的提高是为了更好地提高你的理财能力，让你理财变得更加智慧，同时也会在理财之外帮助你创造财富，比如发明、专利、创意、创业等，这些一样可以给你带来财富。

对于理财，很多人觉得只有聪明人才能赚钱，其实，这是不对的。在投资理财过程中，智商因素的影响并不是最重要的。人在智力方面的差异是很

小的，即使那些业绩卓著的投资高手，其智商并不一定是出类拔萃的。在生活中，我们也会看到类似现象：一些文化水平不高的人在买股票的时候能赚钱，相反，一些文化水平较高的人却屡屡亏损。

因此，我们发现，一个人智商不足，可以用财商来弥补；情商不足，可以用财商弥补；但是财商不足，智商再高也难以弥补。可以这样理解，智商反映人作为一般生物的生存能力；情商反映人作为社会生物的生存能力；而财商则是人作为经济人在经济社会中的生存能力。

财商是一个人对金钱的敏锐性，以及对怎样才能形成财富的了解，它被越来越多的人认为是实现成功人生的关键。财商和智商、情商一起被教育学家们列入了青少年的“三商”教育。

关于财商的学习，我们可以向犹太人学习经验。犹太人的财商教育可以说是世界上最先进和最成熟的。犹太人生存能力非常强，全球金融圈中的很多精英，都是犹太人。

比如前任美联储主席格林斯潘，全球外汇、商品和股票投资家索罗斯，前纽约市市长、布隆伯格通讯社创办人布隆伯格，等等。

犹太人对孩子的财商教育从很小的时候就开始。最开始的时候，他们是培养孩子延后享受的理念。所谓延后享受，就是指延期满足自己的欲望，以追求自己未来更大的回报，这几乎是犹太人教育的核心，也是犹太人成功的最大秘密。

犹太人是如何教育小孩的呢？“如果你喜欢玩，就需要去赚取你的自由时间，这需要良好的教育和学业成绩；然后你可以找到很好的工作，赚到很多钱，等赚到钱以后，你可以玩更长的时间，买更昂贵的玩具。如果你搞错了顺序，整个系统就不会正常工作，你就只能玩很短的时间，最后的结果是你拥有一些最终会坏掉的便宜玩具，然后你一辈子就得更努力地工作，没有玩具，没有快乐。”这是延后享受最基本的例子。

犹太人的财商教育思维里面已经融入了现代社会的价值观，个人的一生是其规划的范围。我们对于财富的追求和对美好生活的渴望，以及我们幸福的一生，都与我们的财商息息相关。

财商有助于对我们的一生作出合理的规划。

财商给你带来好运气

美国西北部蒙大拿的比特鲁山边有一座叫达比的小镇，多年来，人们都习惯于仰望那座晶山。晶山之所以得名，是因为被侵蚀，山体已经暴露出一条凸出的狭窄部分，那里布满微微发光的晶体，看上去有点像岩盐。早在1937年，这里就修建了一条直接越过这块凸露岩层的小径。但是，一直到1951年，都没有一个人认真地弯下身子去捡起一块发亮的矿石，好好观察它一下。

就在1951年，两个达比人——康赖先生和汤普生先生，看见一种矿石的集合物陈列于这个小镇，感到十分激动。他们看到矿物展品中的矿石标本上附有一张卡片，便立刻在晶山上立柱，表明所有权。汤普生把矿石的样品送到斯波堪城的矿务局，并要他们派一名检验员来察看这种“储量巨大”的矿物。

1951年的下半年，该矿务局派了一部采掘机上山采取矿石样品并进行了分析，认定这里确是极有价值的铁，并且是当时较大的铁矿石储藏地之一。

后来，一些沉重的运土卡车陆续奋力登山，又载着极为沉重的矿石下山，慢慢地闯出一条下山的回路；而在山下等待它们的是手中拿着支票的美国钢铁公司和美国政府的代表。他们都急于购买这些矿石，康赖和汤普生由此积累了巨额的财富。

康赖和汤普生发财看似得益于“运气”，但是设想一下，如果两个人没有对矿石的敏感，没有商业意识以及抓住商机的能力，发财的机会又怎能轮到他们？运气很重要，但财商起着最根本的作用。

有一位美国的经济学家说：“财富是一种运气。”对于相信命理观念的中国人来说，在为“运气”之说出自相信勤奋的美国人之口而感到惊讶的同时，又深以为然。“生死有命，富贵在天”的观念总是能够在现实中找到佐证。

一个开煤矿的小老板，在煤矿供大于求的年份，总是抱怨：“现在的煤矿真的不赚钱，卖煤还得求别人。”于是，他把煤矿以100万元的价格转让给了别人，自己改行去做别的买卖。如今他仅仅能够养家糊口，被他转让的煤矿却成为当地最大的煤矿，储量大，煤质好，拥有那所煤矿的人资产金额已经几十亿元了。

我们可以说，这是运气。但是，如果当初这个小老板能够坚持，或者认

准自己的煤矿，或者看准市场前景，事情是否又会不一样呢？

正如天才需要 1% 的灵感加上 99% 的汗水，亚历山大·弗莱明“幸运”地发现了青霉素，这其中的“灵感”“幸运”的背后有其必然性的因素在里面。

人们可能因为“偶然”而致富，但是其中的必然性发挥着决定性的作用。财富创造的成功者无不具备丰富的财富知识和深刻的理财理念。

巴菲特在 6 岁时，就学会用 2.5 美分买 6 罐可口可乐，再以每罐多 0.5 美分的价格卖给度假的游客，当同年龄孩子还在哭哭啼啼跟父母伸手要钱时，11 岁的巴菲特就已经买进了 3 股“花旗”；投资家罗杰斯 5 岁就开始在棒球赛场上捡空瓶赚钱，6 岁时从父亲那里借了 100 美元作为做生意的启动资金，购买了一台花生烘烤机……他们能取得今天的成就，绝非偶然。

美国哈佛大学的教授通过研究发现，运气、遗产继承甚至高智力都不是财富创造中最重要的因素，重要的是辛勤工作、坚持不懈、善于计划，特别是严于律己的生活方式。

巴菲特曾说：“花时间帮助和教育我们的孩子理财。难道还有比这更美好的时光吗？”这不仅是“美好的”，更是必要的。为了避免学富五车也走向贫困，须将高财商当作你谋生的资本。

你的财商指数是多少

你了解自己的财商吗？

或许你是一个“月光族”，每月花钱无规划，手中的钱有多少花多少，活得潇洒；或许你是一个“房奴”“车奴”，每月为了还房贷、车贷而努力工作，你最怕的就是降薪或者失业；或者随着年龄的增长，你的职位越来越高，挣到的钱越来越多，但是钱给你带来的自由却越来越少，同时你的账单却越来越多……这些都是低财商的表现。

如何测定一个人的财商指数呢？是看他的薪水有多高、净资产有多少，还是根据他开的车型、住的房子的大小来衡量呢？

财商包括两方面的能力：一是金钱观念，正确认识金钱及金钱流通的规律；

二是投资理财能力，按照金钱规律正确使用金钱的能力。

数英雄，论成败，天下财富在谁手。在美国，10% 的人拥有 90% 的财富，90% 的人拥有 10% 的财富。你要想富，你就得对金钱有一个全面的认识，对其本质和内在规律有一个全面的了解。

比尔·盖茨研究开发软件，成了世界首富；沃伦·巴菲特投资股票，很快成了亿万富翁；乔治·索罗斯一心搞对冲基金，成了金融大鳄……这些人虽然所处行业不同，但是因为掌握了金钱的内在规律，所以都获得了成功。财富成就是他们高财商的体现。

虽然金钱绝对是人维持生活的必要条件，但金钱并不会让人更有力量。如果不能掌握运用金钱的能力，那么赚到金钱亦会花光。哈佛成功人士的经验表明，金钱本身没有力量，懂得运用它的人才有力量。

或许，我们的父辈都是“穷爸爸”，只教我们好好读书，找好工作，多存钱，少花钱。钱赚少一点没关系，关键是工作要稳定。他们从没开发过我们的财商，指导我们如何理财。所以，财商对我们来说是迫切需要培养的一种能力。会理财的人越来越富有，一个关键的原因就是他们注重财商培养。

不管你的财商是高还是低，不管你是穷人还是富人，不管你聪明还是不聪明，财商教育事关你的生存。所以从现在开始，你应该学习如何提高你的财商。“信息 + 教育 = 知识”，没有财商教育，人们就无法将信息转化为可以利用的知识。

提高财商虽然不能让你立刻富有，但是至少可以让你生活得更好。而很多看上去有钱的人，并不一定是财务自由的人，但财商高的人一定能够通过努力来实现财务自由。《富爸爸，穷爸爸》一书中，富爸爸的晚年是快乐的，因为他的大部分时间都用来花钱而不是存钱，他的生活毫无拘束，自由自在。

“富口袋”来自于“富脑袋”

我们所熟知的成功者，无不是勤于思考的智者，他们平时就经常训练发现机会的能力，因而脑子里总能源源不断地迸出各种好点子。在美国，有一

位久负盛名的金融业巨头，每当他作出重大决策之前，总会闭目养神休息 5 分钟，在半放松状态下进行思考，以激发自身的深度思考力和高度应变力。他解释说："每当闭上眼睛，我便能取用更高智能的活水源头。"

美国堪萨斯州的盖伊博士，一生拥有 200 多项商业专利，为其带来了数千万美元的财富。盖伊博士是一位出色的商业天才，尤其是他训练思考力和创造力的法子，更是独树一帜——每当思考问题时，盖伊博士总会走进一间被他称为"个人沟通室"的房间。房间是隔音和避光的，里面有一张小桌子和一个沙发，桌子上放着一支笔、一叠书写纸和一个可控台灯。当盖伊博士需要思考时，就会走进房间，关掉台灯，放松地坐在沙发上集中精力思考。一旦头脑突然"灵光乍现"，盖伊博士会迅速打开台灯，将灵感源源不绝地记录在纸上，直到思路中断以后，他才重新审视所写的内容。实际上，这就是盖伊博士"头脑风暴"的主要手段。他依靠自己的思考力，为许多大公司和组织想出了一个个"价值连城的好点子"，并因此获得了巨额回报。

思考力决定思维方式，思维方式决定创富行为。思维方式大多以个人累积的经验为主导，经由灵感激发而产生好点子。盖伊博士就是根据已掌握的前提条件，清除心中已有的思绪，等待潜意识整理分析，迸发出"灵光一闪"的念头，然后保存并整理下来。伟大的发明家爱迪生就是根据类似的方法，制造出白炽灯、留声机等多种具有创造价值的商业发明。通过采用类似的方法，慢慢进行思考力和思维方式的训练，为激发商机创造可能。思考越多越灵活，脑子越用越好使，多经历这种"头脑风暴"的洗礼，你对财富的敏感度就会逐步增强，迸发出好点子的可能性也就越来越大。

在竞争压力如此之大的商业环境下，仅靠勤奋和吃苦就能成功吗？未必！勤奋和吃苦固然重要，但是"1% 的创造力"却往往是决定财富多少的关键，这主要取决于你积累了多少知识和经验，是否勤于动脑，是否有足够的思考力和正确的思维方式。

财富规律告诉我们：新思路才能带来新财路。那么，如何才能快速更新思路呢？答案只有四个字：不断思考。财富源于头脑：脑袋空空，口袋空空；脑袋转转，口袋满满。人与人之间最大的差别是脖子以上的部分，一提到赚钱就只想到开公司、搞店铺，显然是不对的。实际上，发财的机会远不止那么几条路，关键看你怎么去想，怎么琢磨。思路决定出路，观念决定贫富，要富口袋先富脑袋。改变贫穷现状，改变你的财富思维，让自己的脑袋先富起来！

像富人一样思考和行动

21世纪什么人最值钱？答案是“富人”或者是“像富人一样满脑子鬼主意的穷人”。比如冯小刚电影《非诚勿扰》中葛优扮演的“秦奋”，在美国晃悠多年，虽然事业上没啥发展，但是学会了美国富人的思维方式，因而在影片一开始，就能用“缜密”的逻辑和“忽悠”的语言从范伟扮演的风险投资人手里赚来200万英镑。之后，他又用类似的技巧追求舒淇扮演的漂亮空姐。正是富人的思维方式，让他从穷小子变成了百万富翁。思考孕育新思维，创意激发新行动，财富多半是属于这种勤于思考和善于表达的人。

穷人希望得到鸡蛋，富人则希望得到母鸡，因为有了母鸡可以得到更多的鸡蛋。就像一位美国总统的经历：小时候同伴们戏弄他，往地上扔1元和5分的硬币，他总是会捡5分的硬币，因为如果捡1元的硬币，就不会有人再扔给他硬币了。这就是富人的财富复利思维，不怕麻烦，就怕没钱赚。

一堆木料，用它做燃料，分文不值；将它卖掉，能值几十块；如果你有木匠的手艺，将它制成家具再卖掉，价值几百元；如果你找到高级木匠，将它制作成高级屏风卖掉，那就值几千元。这就是富人思维的产业化做法，想方设法用更少的资本赚更多的钱。

穷人总是会把简单的东西复杂化，假使手里只有一个鸡蛋，就开始考虑一二三四五六七，想到了“农妇山泉有点田”的好日子，继而又开始苦恼娶小老婆和教育孩子的问题，一激动“啪”地把鸡蛋捏碎了，什么都没了，一下子傻了眼。

富人则是想着如何把复杂的东西简单化，他们从不会考虑“一个鸡蛋引发的发财项目”，只是考虑怎样把鸡蛋吃掉或者折换成现金。富人习惯于把一个很复杂的赚钱项目，分解到最后变成“一、二、三”条问题，然后想办

法解决这“一、二、三”条问题。问题一旦解决，项目也就成了。

因此，要想改变自己的生活现状，就要突破并升级自己的财富思维，像富人一样思考和行动。以富人的思路去思考，你才能获得更多的利益，才能使你的生活产生飞跃性的变化。

重视理财知识，提高财商智慧

每个人都希望过上幸福美满的生活，但幸福美满的生活需要一定的财富保障。心理学家马斯洛的需求理论告诉我们，人类的需求是有层级之分的：在安全无虞的前提下，追求温饱；当基本的生活条件获得满足之后，则要求得到社会的尊重并进一步追求人生的最终目标。而要依层级满足这些需求，必须建立在不虞匮乏的财务条件之上。因此，你必须认识理财的重要性，重视理财知识，提高财商。

在理财的道路上，由于各人的理财理念与方法不同，其最终获得的“收成”也是参差不齐的。在理财道路上，有许多的“十字路口”，倘若缺乏指导，随心所欲，势必将事倍功半，得不偿失。

比如，面对眼花缭乱的投资渠道，一些人往往无所适从，最终随波逐流，跟在“大部队”后面“依样画葫芦”。画得好倒也罢了，倘若画不好则将导致“赔率”颇高，到时再怎么抱怨也都无济于事。殊不知，从一开始在投资渠道的选择上盲目跟风，只顾盯住高回报却忽视高风险，就已犯下了理财大忌。

“你说，我是把钱存到银行，还是买股票呀？”刚刚拿到到期定期储蓄存折的张大妈，难掩兴奋的心情，询问邻居小李。看到周围很多人都通过炒股赚了不少钱，张大妈也跃跃欲试。

对股票一窍不通的张大妈选择向小李求助，因为她知道小李没事的时候经常炒股票。小李兴奋地支持张大妈炒股，说自己可以全权代劳。于是，从开户到选股，张大妈全权委托给了小李。然而，看到小李给自己选的股票价格连续 5 天下跌，张大妈傻了眼。

隔壁的老王也遇到了同样的状况，他说去年小李帮他选的一只股票现在已经退市了。这下可好，老王和张大妈都不停地抱怨小李没眼光。

听到了两人的抱怨，他们共同的邻居钱教授说："亏了也不能怪别人。投资决策得自己拿主意，投资风险也得自己担，不能光听别人的。"

这可给新入市的张大妈上了生动的一课——投资要自主决策、自担风险、自享收益。很多新手尚未掌握基本的投资知识就急于开始投资，并对周围的一些获得较好收益的投资者、专业证券机构存在"崇拜心理"，往往会走入"羊群效应"的误区，损失惨重。

与上述"失败者"相异，生活有些人懂得理财是基于对自己的家庭财产、个人特长、所处环境等进行综合分析，随后再为自己设计一条合适的投资渠道，最终凭此取得良好的财富回报。

做任何事都讲求技巧，理财尤其如此。技巧运用的好坏，直接关系到理财的成败。那些成功者之所以事半功倍，前提是他们重视对理财知识的积累和专家的指导。如果投资者没有一点理财知识，即使机会在眼前，他们也不会察觉。比如，不知道什么是封闭式基金，什么是折价率，怎能抓住2006年封闭式基金的难得机遇？而且，这种机会纵使再来10次，倘对基金知识一无所知，也会一再错过。所以，巴菲特说得好："最好的投资，是学习、读书，总结经验、教训，充实自己的头脑，增长自己的学问知识，培养自己的眼光。"可见，巴菲特这样的投资者都重视知识的积累，我们就更需要在这方面狠下工夫。

理财无小事。失败的理财过程也好，成功的理财过程也好，都是一种"人找钱"的人生体验。如巴菲特所言"钱找钱胜于人找钱"，只要树立积极的投资理念，懂得合理有效地管理资产，相信我们最终能打开理财的大门，体验真正属于自己的财富人生。

投资你的头脑

享有"钻石大王"美誉的查尔斯·蒂凡尼之所以能够取得如此辉煌的成就，很大部分原因在于他思考问题和观察事物的角度总是非常独到。我们可以通

过具体的例子看看他是如何通过换了一个角度进行思考，变废为宝的。

很多年以前，美国穿越大西洋底的一根电报电缆因为破损需要更换，这则小消息平静地传播在人们中间。但是一位不起眼的珠宝店老板却没有等闲视之，他毅然买下了这根报废的电缆。

没有人知道小老板的意图，他一定是疯了，惊诧和异样的眼光围绕在他周围。可他呢？关起店门，将那根电缆洗净，弄直，然后剪成一小段一小段的金属断，然后装饰起来，作为纪念物出售。大西洋底的电缆纪念物，还有比这个更高价值的纪念品吗？

这样他轻松地发迹了，他买下一枚皇后钻石。淡黄色的钻石闪烁着稀世的华彩，人们不禁问，他自己珍藏还是抬出更高的价位转手？其实那是后话。他不慌不忙地筹备了一个首饰展示会，其他人当然都是冲着皇后钻石来的。可想而知，梦想一睹皇后钻石风采的参观者会怎样的蜂拥而至，蒂凡尼从此更是名扬世界。

每个人都有两样伟大的东西：思想和时间。随着每一元钞票流入你的手中，只有你才有权决定你自己的前途。愚蠢地用掉它，你就选择了贫困；把钱用在创利项目上，你就会进入中产阶层；投资你的头脑，学习获取资产的技巧，财富将成为你的目标和你的未来。

选择是你做出的，每一天，面对每一元钱，你都在做出自己是成为一名富人、穷人还是中产阶级的抉择。

改变固有的思维方式才能让你真正获得财务自由。你最大的资产其实就是你自己的脑子，但你最大的负债也是你的脑子。事实上，不是你做什么，而是你想什么。一套房子可能是资产，也可能是负债。如果一个人住在价值500万美元的房子里，那么这房子仍旧是一项负债。因为他每个月要花费2万美元来维护这套房子。你可以看到，每个月钱都会从他的兜里跑掉。如果他将房子租出去，他将获得固定的租金收入。其实，资产可以是任何东西，只要它能给你带来现金收入。

《富爸爸，穷爸爸》一书中提到，穷人和富人存在两种不同的思想，穷人是遵循“工作为挣钱”的思路，而富人则是主张“钱要为我工作”。富人是因为学习和掌握了财务知识，了解金钱的运动规律并为我所用，大大提高了自己的财商；而穷人则缺少财务知识，不懂得金钱的运动规律，没有开启自己的财商。

永远不要扼杀自己对财富的探求的想法。从你自己的内心深处去寻找这些想法！“财富在你们的心中”，你必须有意识地去利用自己的这些想法，利用它们去进行建设性的思考。当你只是习惯性地按以前的思维去处理事情时，你永远也不会发财，这是思想懒惰的一种表现。就像杜蒙特在《领导的思维》一书里提到的：“他们只是任由记忆的溪流漫过自己意识的田野，而他们自己只是懒洋洋地斜倚在岸边看着这一切的发生，然后，他们竟然告诉别人，他们在‘思考’！而事实的真相是，他们根本没有进行任何有实际意义的思考，只是在浪费自己的时间。”

中　篇

你若理财，财可理你

第4章 保险理财：花点小钱，保你平安

保险人特权知多少

现如今，随着人们投保意识的增强，很多上班族已经重视购买保险。可是对于一些上班族而言，自己虽购买了保险，但对于自己拥有哪些特权，并且这些特权又对自己的保险保障权益有何“利处”并没有多少的了解。现在将关于投保人自身利益的八大特权介绍如下，以供参考。

“反悔”的特权

对于寿险保单来说，长期寿险一般都设有10天的“犹豫期”或者说是“冷静期”，部分条款规定的犹豫期为15天或30天（单独办理的团体险种、一年期间外险、极短期意外险是没有犹豫期的）。投保人对自己的疑惑通过向保险公司工作人员进行咨询，一旦得出的最终结果是真的不太适合自己购买，投保人就有权利进行“反悔”，可以直接去保险公司进行退保。在此期间，投保人已经缴纳的保费可以全部拿回来。

解除约定合同的特权

很多投保人在自己持有保单好几年的情况下，因某些原因，投保人不能再将这份保单作为保障，那该怎么办？出现这种情况后，投保人则会享有保

险公司的退保特权，允许投保人进行退保，也就是保单结束。

不缴或缓缴保险费的特权

投保人不再缴纳保险费，可用减少将来保额的方法去维持自己的保单不失效。同时，如果投保人因大意而忘记缴纳最近一期的保险费，则他还可以享有另外一种特权——“宽限期”。通常来说，这种宽限期特权为60天，在这段时间里，如果投保人能够及时地对保险费进行补缴，则他的保单项下的任何权利都不会受到影响。

“重修旧好”的特权

很多投保人由于工作繁忙，在自己投了一份保险后，可能会遗忘，当有一天再拿出这份曾投的保险时，由于自己没有再续缴保费，保单已经被保险公司“中止”，只是保单被中止的时间不是特别的长，只有1~2年。投保人有复效的特权，只要投保人把此期间自己应该缴纳的保费部分和相关的利息部分全部给予补齐，保单的效力就会得到延续。

部分加保、减保或转保的特权

在投保人家庭状况或是在经济收入出现改变以后，这些投保人往往就会考虑对自己的保单进行适当地调整。对于这种调整，投保人完全可以做到，因为保险公司给予了投保人可以进行部分加保或部分减保或转保的特权。

借款的特权

投保人如把自己家的多数积蓄都购买了保险，让自己拥有的保单是一张大额的保单，或是自己购买的是长期保险，而自己对这张保单保费的缴纳已经有很多年了，但是投保人因临时需要用钱来救急，而自己又想不出别的办法，这时投保人就可以行使自己保单借款的特权，通过用保单质押的方式向保险公司进行贷款。

要求理赔的特权

对于多数投保人来说，他们买保险并不是想马上就让它见效，可是有不少的保险产品，特别是一些期限较长的人身保险产品，最终都是要给投保人进行给付的。而如果投保人保单项下的保险权利出现意外，多数投保人迫切的想法就是保险公司尽快给自己进行理赔。其实，投保人对于保险公司来讲，拥有让保险公司给自己尽快进行足额给付理赔金的特权。对于这一点，投保人一定要牢牢记好，一旦在自己发生保险意外时，自己可以灵活使用。

改变受益人的特权

随着时间的推移，投保人想要把受益人进行更换，对于这一点，投保人完全可以做到。保险公司赋予了投保人改变受益人的特权，只要相关的手续合规合法，保险公司就会及时给予投保人对于受益人的有效变更。

人生三阶段的保障需求

保险可以说是人人都需要的东西，就像丘吉尔曾经说过的那样：“如果我办得到，我一定把保险写在家家户户的门上。”但是在人生的不同阶段，由于经济状况、家庭结构和年龄特征的不同，每个人的保障需求也会不同。在人生的三个重要阶段：少儿期、单身期、成家期，保险理财专家给出如下一些建议：

少儿期

俗话说：“子女在父母面前永远是需要保护的孩子。”爱子之心也使父母常有这样的想法：绝不能让孩子输在起跑线上。因此，为子女提供良好、系统的教育成为父母的心头大事。但这往往需要连续地投入大量资金，再加上教育费用的不断上涨，这些资金就需要父母在孩子出生前就有计划地筹措和储备。少儿保险正是适应父母的这种需要，由保险公司帮助父母预先计划和储备子女在未来各个受教育阶段所需的经费，做到未雨绸缪，计划安排在先。例如，张先生为刚出生的孩子投保某保险公司的“明日之星教育金两全保险”，基本保额为50 000元，每月支付658元，一直到孩子16岁。这样张先生就可在孩子不同的成长阶段获得以下的教育金：

6岁小学入学教育金	5 000元
12岁初中入学教育金	10 000元
15岁高中入学教育金	20 000元
18岁大学入学教育金	40 000元

孩子年满22岁大学毕业后，就可领取50 000元用于创业或继续深造的基

金。万一孩子不幸在 22 岁前身故或全残，可获得 50 000 元的保险金。只要孩子是在 30 天 ~ 16 岁之间，都可以选择这个保险，它将解决孩子从小学到大学教育的教育金问题，为孩子的人生第二起点提供创业金。

单身期

随着孩子一步步地成长，他（她）终有踏入社会之时。现代社会对资金的需要瞬息万变。在考虑将暂时闲置的资本做长期投资时，如果你担心无法应对突如其来的资金缺口，购买保险就成了解决此问题的一个很好的方法。比如说“×× 步步高增额两全保险”，只需一次性支付一笔保险费，就可以在满期之后获得满期金，且无需缴纳利息税，在获得增益的同时还具有身故或全残的保障，可谓是一举多得。

“×× 步步高增额两全保险”的优点是：保费一次付清，无需核保即可享受保险利益；6 年满期，返还满期金；轻松获得逐年递增的身故或全残保障；无需交纳利息税及未来政府有可能征收的遗产税、赠与税；可申请保单贷款，以解燃眉之急。凡是年满 18 ~ 60 岁的市民均可投保“×× 步步高增额两全保险”，在第 6 个保单周年日，×× 按基本保险金额的 1.25 倍给付满期金；被保险人于保单第 1 年度身故或全残，按保险金额给付身故或全残保险金。以后每年的身故或全残保险金递增基本保险金额的 5%。例如，现年 30 岁的张先生，投保“×× 步步高增额两全保险”，基本保额为 10 000 元，一次性缴费 11 974 元。由此他在保单 6 年满期时（张先生 36 岁）可领取 12 500 元；假设张先生不幸于保单第 1 年度身故或全残，其家人可申领 10 000 元保险金；假设张先生不幸于保单第 2 年度身故或全残，其家人可申领 10 500 元保险金；以此类推，以后每个保单年度的身故或全残保险金均递增 500 元。

成家期

随着岁月的流逝，每个人终有成家立室的一天，谁都想和家人快快乐乐地生活在一起，可遗憾的是谁也不能够预知未来。在生活节奏日趋加快的现代社会，人们可以抵抗小病小灾，可一旦大病临头，许多人纵使债台高筑也无力负担高昂的医疗费用；我们身边无数个事实证明，当疾病真的来临，我们毕生的积蓄是那么容易被一扫而空。而购买健康保险，及时地从保险公司获得赔偿，就成为我们用来支付医疗费用，进行及时治疗的有效保障。

据了解，在已有的健康保险中，健康保险涉及的疾病范围还较窄，而健康保险保费普遍较高，且设有较高的免赔额和自付比例，降低了健康保险的保障功能，并限制了无社会基本医疗保险人群的购买欲望。

为此，一些保险公司适时推出了“大病保险”产品，保障范围涵盖重大疾病、手术补贴、住院医疗等方面。这些产品在保障程度、灵活性等方面进一步满足了客户需求。

挑选保险的若干准则

任何与投资有关的行动都是存在风险的，购买保险也不例外。买保险是为了给自己未来生活增添保障，而不是增补风险，因此要慎重。

挑选保险需要把握以下若干准则。

一是心理上要放下成见，不要偏听偏信。保险公司是经营风险的金融企业，我国《保险法》规定保险公司可以采取股份有限公司和国有独资公司两种形式，除了分立、合并外，都不允许解散。所以，你可以放下自己的成见放心购买。重点在于，看公司的条款是否适合自己，售后服务是否更值得信赖。

二是要确定根据自己的需要购买。例如，考虑自己或家庭的需要是什么，比如担心患病时医疗费负担太重而难以承受的人，可以考虑购买医疗保险；为年老退休后生活担忧的人可以选择养老金保险；希望为儿女准备教育金、婚嫁金的父母，可投保少儿保险或教育金保险等。所以，弄清保险需要再去投保是非常重要的。

具体购买时要比较各公司的险种，不要盲目购买。尽管各家保险公司的条款和费率都是经过中国保险监督管理委员会批准的，但比较一下却有所不同。例如，领取生存养老金，有的是月月领取，有的是定额领取；大病医疗保险，有的是包括10种大病，有的是只包括7种。这些一定要看清楚、弄明白，针对个人情况，自己拿主意。

三是要自己研究条款，不要光听别人介绍。保险不是无所不保。对于投

保人来说，应该先研究条款中的保险责任和责任免除这两部分，以明确这些保单能为你提供什么样的保障，再和你的保险需求相对照，要严防个别营销员的误导。没根没据地承诺或解释是没有任何法律效力的。

“一定要拿出打破砂锅问到底的精神，清楚保险合同中的规定，因为一旦保险生效，所有的处理都会按照合同办事，以后觉得自己吃了亏也很难解决。”一位业内人士如是说。

四是要考虑保障，不要考虑人情。保险是一种特殊的商品，不能转送。不要因为营销员是熟人或亲友，本不想买，但出于情面，还没搞清条款，就硬着头皮买下，以后发现买到的是不完全适合自己需要的保险险种，结果是不退难受，退了经济受到损失也难受。

五是要考虑责任，不要只图便宜。“物美价廉”这种事在所有的投资项目上都不太适用。不能光看买一份保险花多少钱，而要搞清楚这一份保险的保险金是多少，保障范围有多大，要全方位地考虑保险责任。

怎样选择满意的保险公司和险种

了解了保险购买的基本准则，具体到实际的购买行为上，你需要挑选适合自己的保险组合和信誉可靠的保险公司。

投保者在选购保险时比较专业的顺序应该是这样的：

首先，挑选一个适合自己的优秀的保险公司作为自己的投保公司；其次，挑选一个优秀的保险代理人作为自己付费的保险咨询顾问；最后，才是在保险代理人的辅助和推荐下挑选具体的保险产品进行组合，从而及时、有效地达到保险和保障的目的。

保险公司当然是选口碑好的大公司，需要考虑四方面的内容：一是保险公司的偿付能力；二是保险公司的商业信誉；三是依据投保险种进行选择；四是比较保险公司的售后服务。

挑选好了保险公司，然后就是选择保险代理人，这点也很重要，毕竟自己的保险知识不够丰富，需要专业人士提供建议。

优秀的保险代理人一定是精通保险专业知识的，他能准确无误地理解客户的需求，且能够协调多方面的问题。口碑良好的代理人肯定会站在客户的角度，以朋友的身份提出专家级别的建议。在考查完代理人的品德、智商和情商之后，你一定能给自己选择一个好的保险代理人，以保障保险利益、同时提高保险投资收益。

下面就该根据自己的实际情况挑选保险组合了。

一般来说，对于有工作的人，公司会给你上社会保险，这时候你自己可以考虑商业保险。大部分人都会购买意外保险和大病保险。毕竟意外这种事情谁都无法预料，也无法控制。

清华大学陈秉正教授建议不同年龄选择不同保险。对于中等收入家庭的保险配置为：年纪比较轻的时候，适合买一些保障性的产品，不太适合买养老性、投资性的产品；到四五十岁的时候，家庭有一定的经济基础，收入比较稳定也比较高了，可以买一些投资性更强的产品，比如投连险；60 岁以后，收入可以长期得到保证，可以适当多投一些带有投资性的产品。

马丽是名白领，年收入在 12 万元左右，她老公的年收入也有 10 万元。30 多岁的时候，两人开始考虑各自的保险保障。他们的要求是“退休前寿险额度较高，退休后降低寿险额度，但不影响重疾险的保额”，可是由于对保险知识一知半解，他们不知道怎样购买才能满足自己的要求。对此，某保险公司的专家建议，他们的需求可以采用“投连险（或万能险）+ 终身重大疾病保险（可独立购买的主险产品）”的组合方式。

通常，通过代理人渠道购买到的投连险产品，其寿险保障额度是可以根据投保人自身需求进行自主调整的。比如说，在没有孩子时，设置寿险保额 30 万元，有了小孩以后加重到 50 万元，等到退休前后下调为 10 万元，等小孩完全独立后调整为更低额度，这些都是可以通过变更投连险的寿险保障额度直接加以实现的。

至于重大疾病保障，不一定要选择在投连险之后，或者在养老险、终身寿险之后附加投保，而是完全可以实现独立投保的。而且，只要是可独立投保的重疾险产品，就根本不会出现因为投连险、养老险或终身寿险额度影响到重疾险额度的问题。

最后还有关键的一点，并不是所有的保险产品都必须在一家保险公司购买，关键看自己的需求到底在哪家或哪几家公司更能得到满足。

投保的注意事项

许多保险从业人员多购买“养老”“重大疾病”和“意外伤害”这几种保险，对于普通夫妻而言是不是这几种保险最好都买？一些保险公司推出的投资联结保险是否值得投资呢？

其实，并不是所有的风险都要投保，有些风险是可以通过其他方式予以避免的。购买保险的一个总原则是：优先购买最急需的产品，先近后远，先急后缓。

那么究竟哪些是最急需的，手头有限的资金该如何分配？比如出租车司机，他最应该购买的是“意外伤害险”，而不是先给自己的女儿买一份“少儿终身险”，因为司机几乎每天都要频繁地使用高风险的交通工具，经常要加班加点，偶尔还可能遭遇来自人身安全方面的威胁，他不可能由于害怕意外风险就不干这份工作了，唯一的办法只能是预先为自己上一份意外伤害保险。万一灾难发生，父母子女可以得到一笔赔偿金，家人不至于由于他的猝然离去而陷入经济困顿。

一般来说，按照“先近后远、先急后缓”的原则，适合小两口买的家庭型保险有：

家庭财产保险

我国家庭财产保险基本种类有：普通家庭财产保险、家庭财产两全保险、长效还本家庭财产保险、家庭财产专项保险（如家用煤气保险）等。在家庭财产保险中，除了基本险之外，还可以设立附加险。

人身意外保险

人身意外保险承保由意外伤害造成的人身伤亡事故。人身意外伤害保险分为两大类：普通意外伤害保险和特种伤害保险。

健康保险

社会保险的方向是保障人们的基本生活水平，想要得到更多的、层次更高的保障，就要自己买商业保险。健康保险尤其不能遗忘。它包括医疗保险和残疾收入补偿保险

机动车辆保险

机动车保险分为车辆损失险和第三者责任险两部分。第三者责任险承担驾驶员在使用保险车辆过程中发生意外事故，致使第三者人身伤亡或财产毁损造成的损失。一般包括：紧急治疗费和住院费、伤亡和财产损坏的赔偿、法律费用和处理索赔的费用。

个人责任保险

如由于过失引起单位发生火灾造成单位财产损失等，这些本应由个人承担的损失赔偿通过参加个人责任保险可转嫁到保险公司身上。保险公司既承担人身伤害责任，又承担财产损失责任。

旅游保险

目前开办的旅行保险主要有：旅游者人身意外伤害保险、住宿旅客人身意外伤害保险、航空人身保险、公路旅客意外伤害保险、出国人员人身意外保险、旅行社旅客责任保险、旅游救援保险等。

商品房按揭保证保险

个人和企事业单位都可投保，一旦借款人连续三个月没有偿还或没有完全偿还贷款银行的贷款，保险公司将按保险条款的规定“取而代之”赔偿贷款，包括投保人或单位应负的本金、利息、罚息及其他相关费用。

投资联结保险

相对于传统的保险产品，投资联结保险将投保人交付的保费一分为二，一部分用于保险保障，另一部分存入专门的投资账户，由保险公司代其管理投资，收益扣除少量的管理费，全部归个人所有。投资联结保险的显著特征是客户完全承担投资风险。

分红保险

分红保险与传统的不分红保单有相同的地方，那就是首先承诺给客户某种保障利益。若是保险公司经营有盈余，则客户可以与保险公司共同分享利润。

当然，保险公司经营不佳，红利则免谈。

人寿保险

人寿保险金额一般由投保人根据自己的愿望和经济上的可能性自由确定，保险公司往往对最低保险金额作出相应规定。保险费可一次付清，也可分期付款。

怎样可以少缴保险费

很多上班族都购买了保险，却不懂得合理地缴费，不能依据自身经济实力而选择缴费形式，从而造成因不能根据自身情况缴纳保险，给自己的家庭生活和理财造成这样或那样的困难。其实，保险缴费对于投保人而言，不是有些人自认为的那样，选择哪种缴费方式都一样。这种想法是完全不对的。保险的缴费也蕴藏着很多理财道理，保险缴费讲究不少。

现在，人们在购买保险时，保费的缴付方式比较灵活，可以采取一次性缴清（趸缴），也可以用逐年分期的形式来缴清（年缴、限期年缴）。如按限期年缴时，保险公司一般都会提供5年、10年，甚至20年的多种缴费期限。那投保人该如何进行缴费选择呢？这需要投保人根据自身的经济收支状况、收入稳定程度、承受能力，以及投保人所追求的付出与保障的需求比，综合考虑缴费期长短。

如果投保人要从支付角度去考虑，那年缴和限期年缴无疑对投保人是最佳的选择。

所谓年缴，即每年缴纳一次保险费，直至保险金给付责任开始的前一年。这种缴费形式时间跨度相对较长，有的甚至可达几十年。但是虽然时间跨度较长，可每年需要缴纳的保费相对较少。

所谓限期年缴，即在签订保险合同时，约定投保人在保费的缴纳上必须在确定的年限内缴清。对于这种保险缴费形式，它不仅具备了按年缴费的优点，而且还可以根据投保人自己对经济的承受能力和通过对自己日后收入的估算情况来确定具体缴费的期限。如果说投保人目前的经济状况非常好，而且通过估算，在未来的日子里自己的收入状况仍会非常好，自己就可以考虑保费多缴一点，这样缴纳保费的期限就会短一些，反过来说，缴纳保费的期限就会长一些。根据调查显示，对于保险的缴费方式，很多人愿意选择年缴的方式。其实，对于这种缴纳保费的形式，更适合的是那些收入来源比较稳定，且收入较高的人群，因为对于这一类人群，缴纳保费不会有压力。假如是收入不太稳定或收入不高者选择了这种缴纳保费的形式，投保人可能会面临资金周转不灵，无法再继续缴纳保费的状况。如果真的出现这种状况，那势必会导致投保人的保单失效，如此一来，肯定就会损害投保人及被保险人的利益。本来购买保险是为了得到保障，现在却成了负担。

趸缴，即一次性把保费予以付清。这种保险缴费方式的优点就是投保人比较省事，一旦一次办理后，以后就不需要再次去考虑缴纳保费，不用自己再费心怕忘了缴费时间而使自己的保险单失效，也省去了再次到保险公司缴纳保费的劳顿之苦。而缺点是因为是一次性缴纳保费，所以需保费的资金较多，很多的投保人无法承担。

选择购买保险如何缴费很有学问，这需要看投保人究竟是有资金实力，还是收入稳定，或是两者都具备。如果想正确缴费，投保人必须根据自身的实际情况确定。只有如此，投保人才会在不影响自己生活的情况下，让自己真正得到保险的实惠。

怎样购买分红保险

分红保险是一种兼顾寿险保障和投资回报的保险产品。它的特征在于：在保证保险利益的基础上，使投保人有机会分享到分红基金的大部分经营成果，其最大的风险也不过是没有红利可分。因此，它受到了同时注重保障和投资的投保人的青睐。但分红保险毕竟还是寿险，寿险保障才是它的主要利益，这一点可能被很多人忽略了，故而才会造成片面注重投资回报的现象。

选择购买分红保险可分为三步。

第一步是找一家可以长期信赖的保险公司

只有财务稳健的保险公司，才能做到让客户终身信赖。那么，怎么判断保险公司的财务是否稳健？国外的经验是借鉴权威评级机构，如标准普尔、穆迪等给予保险公司的财务评级，因为这些独立的评级机构拥有严格的审核制度和一批经验丰富的专家，能够对金融机构作出全面、客观和公正的评判。如友邦保险获得了标准普尔的AAA最高财务实力评级。

第二步是量体裁衣，量力而行

根据自己的实力和需求选择一个适合自己的分红保险。从目前国内的分红保险来看，0~50周岁的人士都可以投保，缴费方式有一次性缴清、年缴、半年缴和季缴等。投保人可选择保障期较长、保障功能较强的分红保险作为自己的主要选择，毕竟分红保险的主要目的还是保障。此外，还可以根据自己的喜好和需求，选择现金红利、增值红利、养老金红利或儿童教育金红利的分红保险。

第三步是做好长期投资的准备

由于分红保险是一个长期的险种，它在考验保险公司经营管理能力的同时，也要求投保人具备理性的投资心态，千万不能盯着短期的红利，毕竟高回报的背后是高风险。成熟的投保人往往会选一家有丰富经验的和被历史证明过的保险公司，这样面临的风险会比较小，也是对自己的资金做到认真负责。

怎样购买寿险最经济

如今，参加寿险已经成为很多上班族的选择，毕竟每个人都希望自己幸福、保障伴随一生。但人寿保险的缴纳费用是由每个人的年龄、健康状况和生活习惯等因素共同决定的，所以能以最少的钱得到最大保障，便成了每一个投保人的愿望，怎样才能做到这一点呢？

单位购买要求职工自费

如今，有很多在单位买了人寿保险，但是不能被忽视的是，单位的这种人寿保险可能会因为辞职等原因而在中途便废掉。那如何才会有效避免这种

“意外情况”的发生呢？最好的办法就是，在单位为自己购买人寿保险签订合同时，就提出此保险虽是单位给自己缴费，但是却作为职工自费购买的条件要求。如此，即使自己发生变故，不管出于什么原因离开了单位，也可以通过自己本人自行缴费而使这份人寿保险延续下去，使自己的保障利益不会因自己的离开而遭受到损失，让自己的这份人寿保险能够一劳永逸。

要搞明白究竟买到的是什么

如果有保险公司的工作人员向投保人推荐寿险产品，他们在给投保人介绍寿险产品时，一般都不会提到是人寿保险，而是用另一种比较委婉的说法，例如用“退休养老保障”“保障抵押专属产品”或“避税理财产品”等词汇来加以“精心”包装。对于这些，投保人很是受用。但不管如何，投保人只要是购买保险，就必须要让自己弄明白、搞清楚自己所要购买的保险究竟是什么保险。如果真是人寿保险，自己究竟需不需要购买，如果有需求，自己也没有购买过，就可以考虑去进行购买；如果自己已经购买了人寿保险，并且再没有需求，则不用去考虑购买。

需要留意不经意间的费用支出

投保人在投保后，应及时向保险公司相关工作人员询问这种支付方式是否真正合适自己，弄清自己是否花了冤枉钱。因为，一般情况下，任何保险公司如果按年支付保险费往往要比按月支付保险费要便宜很多，最少会有10%。所以，投保人在购买保险进行缴费时，一定要按自己的实际情况充分考虑缴费的方式，以免在保险费用上多缴，使自己既能办了事，又能省了钱。

把自己健康情况划分级别

保险公司对投保人的疾病会有不同的分类，据其严重程度进行区别对待，无论是投保时所收的保费，还是后期理赔时所赔的费用都会不同，所收的保费则比健康状态下投保多，而理赔的费用则比健康状态下投保低，一般来说，保险公司是在“药物进行控制”到“特别的严重”区间内进行级别划分。因此，投保人应该尽早到保险公司去投保，不要等到身体出现疾病了再去投保，只有这样做自己才能以最小的投入，得到最大的保障。

怎样为你的爱车投保最划算

有不少上班族都拥有自己的爱车。对于有车族来说，购买车辆保险是必不可少的。但车辆险有九大种类可供选择，这样，他们如果想得到双重实惠，选起来就会很犯难。那么，要想买到省钱，又能兼顾车辆各种情况的基本保险，在车辆保险时该选取哪些呢？以下是车辆险的九大种类介绍。

车辆损失险（主险）

这个险种是对保险车辆遭受保险责任范围内的自然灾害（不包括地震）或意外事故时，造成保险车辆本身损失，保险人依据保险合同的规定给予赔偿。这种险与第三者责任险不同，不是顾别人的，而是顾自己的，假如车主对自己的车非常爱惜，那最好还是购买为佳。

第三者责任险（主险）

这种险种属于强制性保险，车年审时需要，是指合格驾驶员在使用被保险车辆过程中发生意外事故而造成第三者的财产直接损失与人员伤亡的。根据当前保险公司的赔付标准，建议对此种险，最好还是买多一些，建议最少保 20 万元，特别对于那些刚买车的新手，还有那些压力比较大、精神不能太集中的人，更要多保一些，总的来说，保得越多心里越踏实。

盗抢险（附加险）

这种附加险主要是针对那些爱车丢失风险比较大的人，如果自己的爱车属于那些比较高级的、容易被盗车贼盯上的，且停车的地方不是太安全的，最好还是参保；如果自己的爱车不管是在行驶的过程中，还是停放的场所都相对安全，且自己的爱车是不打眼的，那就可以考虑不参保。

车上座位责任险（附加险）

这种附加险一般不主张购买，即使买了多数都用处不大。如果自己的爱车常有朋友、同事等坐，那可以考虑去买一些，但也不需要买得太多，保障的额度每座有 2 万元足矣。同时，对于车上的人员，建议单独去购买人寿的保险产品，因为如果购买人寿的保险产品一般不仅保障范围相对会广一些，而且费用低、保障高。

玻璃单独破碎险（附加险）

这种附加险主要是指车辆使用过程中发生本车玻璃单独破碎。假如是因其他的事故导致玻璃破碎，车损险就会进行赔偿。因此，如果车主购买的是国产汽车，买这个险就没有多大意义，一般玻璃不会单独破碎，而即使单独破碎也不会有多少钱，还是不保为妙。

自燃险（附加险）

这种附加险主要是针对车辆在行驶过程中，因本车电器、线路、供油系统发生故障及载运货物自燃原因起火燃烧，造成车辆损失以及施救所支付的合理费用的保障。而对新车来说，一般不会发生自燃情况，只有行驶多年的旧车才容易发生自然，故新车不保，旧车可适当考虑。

划痕险（附加险）

这种附加险是保障车辆在使用过程中，被他人剐划（无明显碰撞痕迹）需要修复的费用支出。所以，如果是新车，最好去保，一般被剐划，车主都会去修复，假如有了划痕险就不需要自己负担修复费了；如果是旧车，一般人对剐划就无所谓了。因此，投这种附加险也就没有多大的必要了。

不计免赔率（附加险）

这种附加险主要是指针对车辆发生车辆损失险或第三者责任险的保险事故进行赔偿，对应由被保险人承担的免赔金额（20%），由保险公司负责赔。所以，车主应考虑加上。这种附件险对于新手非常有用，一旦碰到大事故损失较大，加上了这个附加险就会很大程度地减少自己的损失。

不计免赔额（附加险）

这种附加险是指单方事故情况下车损每次要扣除500元的绝对免赔额，如果没有投保不计免赔额险。比如车刮了修理费450元，那么保险公司不赔；如果修理费是800元，那么保险公司扣除500元绝对免赔后赔款300元。当然这是在车主投保了不计免赔率的基础上。所以说不计免赔额只是针对本车的，涉及第三者（比如撞了别的车或行人）情况下是按实际损失足额赔偿的。对于这种附加险，建议车主最好购买。

巧购家财险，省钱又省心

如今，随着人们财产的不断增加，财产如何能得到更好地保障提到了很多上班族重要的议事日程上，家财险便成了他们的首选，但如何才能更大程度地以最少的钱得到最大的保障呢？这个可以说是这些人最关心的问题。那究竟怎样才能做到这一点呢？

家庭财产并非全都可以投保

很多人认为只要是自己的家庭财产，保险公司就会给予投保。其实，并非如此，这些人的认识是完全错误的。我国关于保险的有关法律法规中明确规定："消费者在投保家庭财产保险时应仔细阅读合同中的保险责任，有些家庭财产不能投保。"因此，投保家财险的人们，在投保家财险时，一定不要因自己在认识上的一些错误，而使自己花了冤枉钱。那保险公司的家财险究竟能保哪些家庭财产呢？家财险保障的范围一般涵盖以下物件：房屋本身、房屋的装修、房屋的附属物及家用电器、家具等。而对于像字画古玩、珠宝玉器、金银玛瑙等比较贵重的物品，保险公司往往是不会提供保险保障的，也就是保险公司不接受这类贵重物品的投保。

家庭财产按需要投保最实惠

有些投保家财险的人认为，对于自己能投保的家庭财产，投得越多则会越好，一旦自己的家财出现意外，就会获得保险公司更多的财产保险赔偿。其实，这种认识是完全错误的。我国关于保险的有关法律法规中明确规定："家财险作为财产保险的一个险种，遵循补偿性原则，对于超额重复投保的部分，保险公司不负责赔偿。"投保人在投保家财险时应事先到保险公司向保险公司工作人员进行询问，提前了解自己如果投保家财险，多少为超投，哪些则为重复投保等相关知识，如此，就会让投保家财险的投保人做到按需投保，从而有效避免了投保人因多保带来的资金浪费。

标的变化及时通知保险公司

我国关于保险的有关法律法规中明确规定："对于家财险，保险合同内容的变更，投保人必须得到保险公司的审核同意，签发批单或对原保单进行批注后才产生法律效力。"

家财险投保人一旦自己投保的家庭财产出现变更后，一定要及时到保险公司进行保单财产保障内容的变更，将原来投保家财险时的投保标的重新换为现在的新标的。否则，新的标的一旦出现了意外，自己即使前期投保花了钱，也起不到保险保障的作用，自己就等于白白花钱投了保。当然，对于投保人如果原来的投保标的出现了意外或是发生了自然灾害，给投保人的经济形成了损失，投保人不能怠慢，应该马上通知保险公司，向保险公司进行报案，并积极要求保险公司相关人员及时到投保标的处进行查核定损。

投保后保财安全仍然有义务

有一些投保人在投保家财险后认为，现在自己家庭财产的安全已经托付给了保险公司，自己可以说没有什么担忧了。其实，这些投保人的认识并不完全正确。我国关于保险的有关法律法规明确规定："财产保险合同规定，投保人有维护财产安全的义务。"因此，如果一旦发生了自然灾害或是出现了意外，对于投保人而言，他们对所投保的家庭财产不能不管不顾，而是应积极采取相关措施开展有效的施救。这是必需的，因为这是保险有关法律法规中赋予投保人的一种义务，只有投保人在经过努力后把财产的损失降到最低点，保险公司在对投保人进行相关的理赔时，争议才会同样降到最低。

当然，对于投保人在有效施救的过程中所产生的费用，保险公司在进行保险理赔的时候是会对投保人给予单独补偿的。

出境买份全球援助保险

购买保险，最好挑选那些可以为你提供紧急援助的保险公司。当你出境的时候，在人生地不熟的海外，碰到急难事情，打一个求助电话，真是雪中送炭的。

急难援助作为保险公司的一项增值服务项目，一直以来是体现保险业服务水平和服务能力的重要标志。目前平安、友邦、安联大众、恒康天安、海康等中资、外资、合资保险公司都竞相推广这一项目。与之合作的是国际知名的救援机构，拥有遍布全球的 25 家报警中心，全天 24 小时运转，与世界

各地的450 000家医疗服务机构密切合作，服务地域几乎覆盖全球任何地区。

不过需要提醒投保人的是，全球援助服务仅以咨询安排为限，不承担第三方费用，相关费用由持卡人支付。

部分保险公司全球急难援助服务如下：

平安保险

服务内容：具体分为国内急难援助服务和海外急难援助服务两部分。客户只要根据自身需要分别申办国内急难援助卡、海外急难援助卡即可。其中，国内卡的申请人资格为投保人，海外卡的申请人为投保人或被保险人。客户的申请在得到公司同意并取得相应的服务卡后即可享有相应的国内、海外急难援助服务资格。服务内容包括医疗咨询、医疗转送以及紧急口讯传递、亲属探病、协助送同未满16岁儿童等多项援助服务内容。

享受范围：所有投保平安保险的客户。

友邦保险

服务内容：国际国内医疗支持，与国际救援中心合作，提供医疗服务信息、安排住院、转院、紧急医疗送返、遗体送返。国际国内旅行支持，包括旅行前的信息提供、紧急旅行服务、遗失行李服务、遗失旅行证件援助、法律咨询支援、翻译支持、大使馆/领事馆支持、紧急留言传递帮助。VIP客户俱乐部的白金会员，还可通过免费申请“旅行通”产品而享受到国际支援服务所提供的金卡服务项目。若为一日游，10人以下每份2元，10人以上每份1元。

享受范围：所有投保友邦保险的客户。

第5章 房产理财：昔日房奴，今日房主

房地产投资：只买对的，不卖对的

40岁出头的邓先生来自马来西亚，16年前就到上海来打拼。那时候的他，是标准的“香蕉人”：外表是黄皮肤，骨子里还是白种人，中文不会说也不会写。而当时的上海，没有麦当劳和肯德基，城市的色彩也单调乏味，甚至还限制外国人在外租房。所幸，他是个性乐观的人，因为看好上海的发展，看好它的向前、向上发展的潜能，最终还是留了下来。

十几年之后，上海有了股票交易所，有了金融贸易区，还涌现出鳞次栉比的现代化高楼大厦。

很多上海人争相从狭窄脏乱的石库门和老洋房搬出来，搬到配备了空调、热水和24小时保安系统的现代居室。而邓先生却跟他们不一样，他不仅自己要住在老房子里，还做起投资老房子的生意来。

邓先生目前所在的地方，是当年法租界的地盘。老房子建造于1924年，名为The Belmont House，今天又称小黑石公寓。在离它不远处，就是热闹摩登的淮海中路。如今，上海小黑石公寓还居住着几十户人家，其中的1/3，都是邓先生的房客。

这座折中主义风格的老建筑，原是洋人公寓，新中国成立后被收归国有，一度成为政府高官的府邸。邓先生对媒体说，当年的住户中，一位是上海市的副市长，还有一位是同济大学的校长。尽管整幢大楼年久失修，显得有些脏乱不堪，但公寓整体保存得还是相当完好。据说，留存至今的储藏室的门把手上，还刻有一个 B 字，以显示房主的不凡身份。

邓先生说，父亲曾告诉他一句话：在房地产投资里，永远要记住一点，buy right，not sell right. 翻译过来就是，“只买对的，不卖对的”。

那么，什么是“对的”呢？在邓先生看来，“对”字包含了两点：一是供需关系，二是地理位置。

他说：“从市场上的供需关系来看，老房子会越来越少，而相对的需求会越来越多。中国人不是强调‘物以稀为贵’嘛，这很好解释，你看，卖的少，买的多，一定会涨价，而买的少，卖的多，价格就一定会跌。”

此外，绝大多数的老房子，都是位于闹中取静的黄金地段，它们只会增值不会贬值。

因此，尽管近两年全球经济形势不明朗，邓先生仍然坚信好房子的价值，不断物色新的老房子。

邓先生买了很多价值连城的老房子，资金基本上来自银行贷款，自己可以不用出一分钱。

邓先生自有他的理由。“我可以帮你算一笔账。假设你有 300 万元的资产，现在有一套 300 万元的房子，你是一次性付清，然后不吃不喝呢？还是先付 100 万元首付，然后用剩下的 200 万元去做其他投资？好吧，假设你够财大气粗，一次性付光了 300 万元，然后你把房子以每个月 2 万多元的价格租出去，就算你够幸运，租金年入 30 万元，这样你的收益就是 10%；或者，你还可以首付 100 万元，贷款 200 万元，同样的，假设你年收入 30 万元，那么你的收益就是 30%。”

基于这样的盘算，邓先生的租金完全可以用来还贷款，甚至好的时候，付完贷款还能月余 1.8 万元。

当然，为了以防万一，邓先生和投资伙伴手里还有一笔固定资金，这笔钱是到了万不得已的时候，才能动用的。

房产投资怎样才能扩大收益

现在国家对房价的调控政策不断出台，因此对喜欢做房地产投资的人来说，是进还是退就成了一个问题。但不管怎样，房地产投资的基本方法是不会变的，那么房地产投资应该怎样做呢?

对于降低当前居高不下的房价，国家煞费苦心稳定房价，政策一个接着一个地出台，因此普通的购房者随着风云变幻的形势而动，及时调整自己的购房策略是当务之急。在许多购房者中，依然存在着“以房养房”“以租抵贷”（房产投资者在以贷款方式购置了第二套房产后，往往出租其中一套房产，以租金收入偿还另一套房产的月供）的房产投资方式。

购房者开始背负比以往要更加沉重的负担，相对于步步高升的房价及其带来的沉重的还款压力，一直较为平稳的租金使得一些经济实力普通的购房者开始决定出售自己的其中一套房产，但正在这个当口，开征营业税又使他们陷入了两难的境地。

面对此种状况，那些“以房养房”“以租抵贷”的房产投资还是否有价值?是否可行?当前拥有房产的投资者是卖是租，如何抉择?

房产投资者一定要戒除以下三种不良投资心理。

坐收租金。既然打算以获取租金收入为投资回报，就必须考虑地段因素。特别是在北京，千万别轻信售楼小姐的话。她只管卖房，不管房子是否租得出去。

留给后代。趁手上有钱买套房子，等到留给子女长大了婚嫁时再用，要考虑物业有折旧因素在内。当一样物品没有被使用或充分使用时，它的价值就会大打折扣，更不用奢谈什么保值、增值之类的话了。

低进高出。这种风险最大。如今北京的房价连续上涨多年，已经达到了一个很高的水平，继续快速上涨的空间相当有限。除了要独具慧眼选准物业，还要细算账，比如一套100万元的房子必须先有9.5万元的差价底线，除掉这部分之后，才有赚钱的可能。

考察一处房产是否值得投资，最重要的就是评估其投资价值，即考虑房产的价格与期望的收入关系是否合理。以下三个公式可以帮助你估算房产价

值，不妨一试。

公式一：租金乘数小于 12

租金乘数，是比较全部售价与每年的总租金收入的一个简单公式（租金乘数 = 投资金额 / 每年潜在租金收入）。如果这个乘数超过 12，很可能会带来负现金流。缺点：此法并未考虑房屋空置与欠租损失及营业费用、融资和税收的影响。

公式二：8~10 年收回投资

投资回收期法考虑了租金、价格和前期的主要投入，比租金乘数适用范围更广，还可以估算资金回收期的长短。它的公式是：投资回收年数 =（首期房款 + 期房时间内的按揭款）/（月租金 − 按揭月供款）×12。回收年数越短越好，合理的年数在 8~10 年。

公式三：15 年收益看回报

如果该物业的年收益 ×15 年 = 房产购买价，那么该物业物有所值；如果该物业的年收益 ×15 年 > 房产购买价，该物业尚具升值空间；如果该物业的年收益 ×15 年房产 < 购买价，那该物业价值已高估。

除了房屋价值评估外，投资者还应把握六个投资小窍门，这些小窍门可以帮助你更省力更安全地做投资。

第一，投资好地段的房产。房地产界有一句几乎是亘古不变的名言：第一是地段，第二是地段，第三还是地段。作为房地结合物的房地产其房子部分在一定时期内，建造成本是相对固定的，因而一般不会引起房地产价格的大幅度波动；而作为不可再生资源的土地，其价格却是不断上升的，房地产价格的上升也多半是由于地价的上升造成的。在一个城市中，好的地段是十分有限的，因而更具有升值潜力。所以在好的地段投资房产，虽然购入价格可能相对较高，但由于其比别处有更强的升值潜力，因而也必将能获得可观的回报。

第二，投资期房。期房一般指尚未竣工验收的房产，在香港期房也被称作“楼花”。因为开发商出售期房，可以作为一种融资手段，提前收回现金，有利于资金流动，减少风险，所以在制定价格时往往给予一个比较优惠的折扣。一般折扣的幅度为 10%，有的达到 20% 甚至更高。同时，投资期房有可能最先买到朝向、楼层等比较好的房子。但期房的投资风险较高，需要投资者对开发商的实力以及楼盘的前景有一个正确的判断。

第三，投资“尾房”。是指楼盘销售到收尾价段，剩余的少量楼层、朝向、户型等不十分理想的房子。一般项目到收尾时，开发商投入的资本已经收回，为了不影响下一步继续开发，开发商一般都会以低于平常的价格处理这些尾房，以便尽早回收资金，更有效地盘活资产。投资尾房有点像证券市场上投资垃圾股，投资者以低于平常的价格买入，再在适当时机以平常的价格售出来赚取差价。尾房比较适合砍价能力强的投资者投资。

第四，投资二手房。自从建设部提出允许已购公房上市交易以来，各地纷纷出台相应政策鼓励二手房上市交易。这也给投资二手房带来了机遇。在城区一些位置较好、交通便利、环境成熟的地段购置二手房可以先用于出租赚取租金，然后再待机出售，可谓两全其美。

第五，投资门面房。一些新建小区中，都建有配套的门面房。一般这些门面房的面积不大，在30~50平方米，比较适合搞个体经营。由于在小区内搞经营有相对固定的客户群，因而投资这样的门面房风险较小，无论是自己经营还是租赁经营都会产生较好的收益。

第六，投资待拆迁房产。在旧城改造过程中，会有很多待拆迁房产。在拆迁时，这些房产的所有者一般都会得到很优惠的补偿。所以，通过提前购置待拆迁房产，以获得拆迁补偿的方式赚取收益，也不失为一种很好的投资方式。但投资这类房产，需要对城市建设的发展和城市规划有所了解。

投资房产的注意事项

投资房产者都知道，由于房价飞涨，房产投资者遇到一个问题就是出手难，许多本来想炒作二手房的人不得不将房子租出去，以便套现。

考虑到生活的便利性，简单装潢的房子即毛坯房经过基本的装潢，已成为二手房租赁的“新宠”。所谓简装修房，就是有简单的家具，卫生、厨房有一定设施，房间内有空调或电器的房子。调查表明，有87%的求租者希望

租赁的房屋已进行过简单装修，而对精装修的需求仅为7%，毛坯房基本无人问津。

而且，这样的“简装房”已成为不少业主的生财法宝。举例说明，A女士通过办理银行二手房贷款将看中的二手房买下，并花万元左右简单装潢一下，就近租给外地大学生、生意人，收取的房租用以归还银行每月的“连本带息”。经计算，十年之后，这房子就能还完贷款归A女士所有。此时，她出租房屋所获的利益就成了净收益。

只要地段选得好，房租是有保障的，房子的价值一般也不会跌而只会涨。

对于那些身边有一定闲置资金，又对房产置业产生浓厚兴趣，想通过投资性置业实现挣钱的人来说，要买房时机是比较好时出手，不论房价、市场、政策都有利于买家时，投资者只要分析、判断、着重操作把握得当，通过买房置业，实现物业增值是完全有可能的。当然，我们这里说的增值，不是房产过热时期那种带泡沫的“增值”，而是买房出租等商业性操作，实现实实在在的增值收益。

但是，买房投资可是要讲究“功力”的。

要准确判断投资价值

一些业内人士指出，要想在房产置业的商业性操作上有所作为，或者说能够通过买房来挣钱，最重要的是能够准确判断出所购物业是否有投资价值，即认定有投资价值，才有操作价值。这里有两条基本标准：一是必须看准所购物业是否有升值的空间和趋势，二是必须算出该房将来进入市场后其出租时的租金水平是否大于银行的房贷利息，是否有利可图。

一般来说，买下的房子如果租得出、租金又开得高，应该是最有投资价值的物业。这里举一个例子，在浙江省义乌市，当地农民商业意识特别强，他们看准当地政府大力扶持小商品商贸市场政策，很多农民都把钱投到买房置业上，拥有两三套房的人很多，有的农民甚至在市区买下整幢小型商住楼。近几年该市的快速发展证明了早年这些农民投资房产的预期，该市外来经商人口高度膨胀，使得拥有商铺、住房的农民都发了大财，有的农民一年收房租就可得几十万、上百万元，由于该市商贸发达，现房高价出租已经成了该市商贸地段农民的生财之道。这表明，先期的准确判断是置业成功的基础。

要看准好的地段

当然，仅有准确预期还是远远不够的，还必须看准好的地段，这同样是投资性置业得以成功的重要保证。房地产由于地段性极强的特点，地段的选择有时会有差之“毫厘”，失之“千里”之感。因此，事前的反复分析比较是十分重要的。对于好地段，涉及房地产的人都知道，即使前几年大势不利的背景下，好地段照样出彩是常有的事。因此，投资置业必须精心选择位置，如果购得前景好、地段好的物业，实际上已为投资成功打下了好的基础。接下去如要出租，其提价空间就大，甚至还会出现价格再高也有人要的局面，这是完全可能的。

此外，在楼盘地段的选择上，还可引入现时的看房理念，即关注有关楼盘是否有“概念”支持。所谓“概念”实际上是指经济发展空间大的意思，为什么要强调这种理念呢？这也是意识到楼市的基础是建立在市场有效需求前提之上的，而市场的有效需求与区域经济繁荣度有关，因此，局部商贸越繁荣，商机就越多，就业水平就越高，市场对物业的需求就会相对增加，要求的档次也会相应提高。因此，选择“概念盘”是近几年风头正劲的具有经济眼光的一种思维。在上海，如当年建设虹桥开发区时对“虹桥概念”的宣传，以后的地铁一、二号线，徐家汇、陆家嘴等都是不同时期“概念”预期中的好地段，在这些好地段上的房产当然也被套上了“概念”。实践证明，买了这些地段的房子，确是不错的选择。

要掌握比较计算方式

购房人在置业操作上还应掌握一些即看即算会比较的计算方式。如计算物业的投资回报，要掌握以下几个数据：一是房屋的单价和总价，二是楼盘周边物业的售价，三是出租现状及价位。掌握了这些基本情况后，就可比较市场租金与所选物业房价的比值，同时也测算出租金扣减贷款利息后，净盈利与银行存款利息及股市收益率之间的效益差距。当然，我们必须说，理论和实践，如果没有协调或把握好，出现失误也是很正常的，既然是投资，也就有风险，这是每一个买家都应有的心理素质。

选房要会“望、闻、问、切”

选房是一个非常个性化的过程，但也存在某些共性。归纳起来，就是要做到“望、闻、问、切”，不断地察看房子的里里外外，千万不能急于求成，妄下判断。

望

多了解市场行情。首先，最起码要了解房价走势以及热点区域。例如，自己所在的城市近期房价涨跌势如何，哪些区域涨跌快些，哪些区域慢些，哪些楼盘卖得火。其次，对一些大的开发商和项目要有所了解。一般而言，品牌开发商的项目品质会比较有保证。最后，至少要学会看楼书、沙盘、户型图、样板间，这样才能用更专业、实用的眼光去看房。

闻

有空多跑售楼处。跑售楼处有一个好处，就是可以知道这个项目大致要多长时间竣工，现在进展到什么阶段，以及周边的交通配套等情况。一周跑上两三家，一个月就是8～12家，这样货比三家，最后所做的决定就会更准确，至少不会太离谱。通过多种媒体掌握信息，平时多看报纸、多上网、多接触电视及户外媒体的楼宇广告。即使没时间跑售楼处，从媒体上了解项目信息也是个好办法。在资讯高度发达的今天，房地产已是媒体资讯和广告的重要支柱，通过媒体一方面可以掌握楼市宏观的发展形势，较准确地判断其下一步的走势；另一方面多数楼盘都会通过媒体做广告，投资者可以从各类媒体中了解大量的楼盘信息。

问

善于在售楼处提问题。当投资者选定中意的楼盘，来到售楼处，面对热情似火的销售员时，务必要保持冷静的头脑。在售楼处应尽可能多地提出疑问，包括楼盘的销售方式、具体价格、入住时间、入住条件、车位、交通、配套、公摊、户型、物业，等等，不能错过每一个细微的问题。

切

到实地进行考察。百闻不如一见，了解的信息再多也不如到实地走走。考察的内容包括内外两方面。内，就是居住区以内的交通、配套、户型等，并具体到房子的防水、墙角、室内装潢和做工、采光、墙体、插座、厨房卫生间等细节的问题。外，就是居住区以外的交通、教育、医疗、商业、娱乐等配套，甚至包括居住区到上班地点的距离。这些都要自己亲临现场才能知晓，而不能听开发商的一面之词。

作为地产投资者，不论投资能力的大小，都要精挑细选，慎而又慎。如同任何投资一样，盲目跟风是大忌。

房贷，是不是沉重的壳

由于人们传统观念的影响，越来越多的人选择购买一套属于自己的房子，但大多数刚工作的年轻人根本没有能力用一次性支付的方式来购买房子。因此，越来越多的人选择了分期付款来作为自身购房的付款方式，而房贷就成为这些人身上再也无法卸下的蜗牛壳，压得人透不过气来。

国际清算银行（BIS）发布的季度报告指出，中国的房屋贷款规模居亚洲之首。如果如某些房地产商所言，房奴有病是自作自受的话，那么，中国房贷市场亚洲第一这个名号其中所蕴含的金融风险，却是无可回避的。如果房价大降，就可能引发金融风险，而如果不对过高的房价进行调控，那么这个“亚洲第一”的房贷基数就会继续看涨。如何既让房价保持在一个合理的范围之内，又要最大限度地防范可能发生的金融风险，从而实现抑制房价与防范风险的双赢，同时解救这拴在一根绳子上的两只蚂蚱，将取决于公共管理部门的管理智慧和制度设计的艺术。

中国房贷市场“亚洲第一”这个“名号”，让我们感到沉重。毕竟，承载它的是那些不得不买房子的百姓；支撑它的，是老百姓手里那捉襟见肘的“工资”。当有的房奴产生心理疾患，当房贷已经占到GDP 10%的高比例，当房价之高让大部分社会成员都苦不堪言，压得大多数国民都气喘吁吁，当这个“亚洲第一”成为一个民生负担的时候，公共管理部门正视其中潜藏的社会风险，并通过一定制度设计和公共政策，把这种风险化解到最低的程度，从而让无力者有力，让悲观者前行，已经成为一个不可回避的命题。为此，

国家出台了一系列的房地产新政策，对房地产进行了调控。然而，巨额的房贷让所有承受这个蜗牛壳的人都活得气喘吁吁的，由于房贷的压力，让他们不得不去关心银行利率的调整、不得不从自己的工资存折中每月预留固定的金额去还房贷。

沉重的房贷，让他们无法快乐轻松地去面对生活。尤其是在央行不断加息的背景之下，那些还房贷的人压力越来越大。理财大师罗杰斯就贷款买房的压力，给中国各种不同情况的购房者提供了以下三种不同的贷款方式以减少所承受的房贷负担。

第一种，首次购房者应根据自身的条件，尽量选择合适的贷款方式。2007年以来中央银行6次加息，11次上调存款基准利率，代表着我国实施已有十几年的稳健的货币政策调整为从紧的货币政策。随着利率升高，贷款购房者还贷压力逐步累积。那么，首次购房者应善用公积金，并安排好还贷。

第二种，已购房者不要因加息就盲目地提前还贷，而应该量力而行。在不断加息的影响下，各地的已购房者普遍都希望能够提前还贷，以减少付出的利息。但提前还贷应量力而行，不妨分流一部分资金进行理财投资，可能会获得更多的收益。

第三种，投资者应当对全局进行通盘考虑，并尽早为此做好打算。中央银行出台提高房贷首付、连续加息的调控政策，手里握有多套住房的投资者是受影响最大的群体。宏观调控政策仍在继续，投资者宜通盘考虑，早作打算。

有关专家表示，对于一些投资者而言，为缓解目前的资金压力，可以处理手中的一部分房产，遇到合适的时机可以出售，或者出租筹集部分资金，来偿还银行的按揭贷款。如果变现成功，投资者可以尝试用这部分资金购买各种理财产品。从长期来看，楼市作为重要的投资渠道，其保值增值的作用不容置疑。投资者需要调整心态，最好能做长线投资，而不是期望能在短期内获取暴利。

罗杰斯为每个不同种类的人提供了不同的还款方式，但实际上，在选择还款方式时，并没有最好的，只有最适合的。每个人在选择还款方式时都应从多方面综合考虑之后再作出判断，而这些综合因素的排列组合又是千变万化的，因此选择还贷方案一定要因人而异、因事而异，而不应该随波逐流。

专家指出，投资理财需要量身定制，适合别人的理财方法不一定适合自己。对于贷款购房者而言，若想避免卷入房奴大军，在制订贷款计划时就应将多方因素考虑进来，如工作收入、稳定程度、储蓄存款、投资收益以及家里的资助等。如果不能详细地进行个人理财规划，那么势必会造成借款人财务赤字的出现。

所有的这些还款方法都只能从一定程度上缓解贷款购房者的压力，对于他们身上那个巨大的“蜗牛壳”，在这个房价高涨的社会里，谁也没有能力将其完全卸下，我们所能做的只是尽可能地减少自己所可能承担的压力。要减轻自己身上的负担，就必须懂得根据自身的情况进行合理的个人理财规划，以此减少个人财务赤字出现的可能性。

买期房怎样付款合算

买期房要付一笔不菲的预付款，但是如果掌握一些付款的窍门，就可以减少不必要的付出。那么，怎样付款才合算呢？

灵活运用支付一些定金

将你在图纸上看中的某一套甚至几套期房，用一个初步协议向开发商进行预订，因此时并不签订正式的购房合同，故开发商只是要求预订者交付每套1万元～3万元不等的定金，这些定金若你在签订正式购房合同前放弃预订则将全额退回给你。虽说定金一般都是不计付利息的，但离正式开盘的时间一般不会太长。如果你能够就以这极少的一点利息损失换取订到一套环境、房型、朝向等都极其理想的期房应是非常幸运又合算的，理想称心的房子将为你今后大半辈子的居住、增值带来莫大实惠。

尽量选择一次性付款

在选准开发商的前提下应尽量选择一次性付款方式，在付款期的最后几天内付款，并尽量留5%～10%的待付尾款。

一次性付款具有以下优势：（1）因一次性付款的期限一般为1个月时间左右，在这个期限内早点或晚点付款都是一样的，那你不妨迟点取出存款或

借款，在付款期的最后几日内才动用资金。（2）对于一次性付款，大多数的开发商还允许购房人留 5% ~ 8% 的待付尾款，可待期房竣工交付钥匙时才全部付清，你不妨进行些公关，力争多留下些待付尾款。

现以购 1 年期的 98 平方米期房为例，假定其价格为每平方米 2 500 元，总房价为 24.5 万元。若一次性付款，开发商给予优惠每平方米 60 元，则可节省 5 880 元，你可以将这笔钱购国债或存款获息。而如果采取分期付款，签合同得先期付 30%，以后再分几次全部付清，即使不计后几次付款的具体时间数额，就按剩余的 70% 购房款全部存入银行 1 年期储蓄算，假设一年期存款利率是 1.75。那么，24.5 万 ×70%=17.15 万元，也只能得到存款利息约 3 001 元。综合比较后，两者之间的利差为两三千元，若每平方米的优惠再高些则利差将更为可观。故此不难看出：一次性付款确实比较划算。

运用存单、国债质押贷款融资付款

购房款当然要首先动用存款、国债等自有资金进行支付，但问题是不少居民持有的定期存款和国债中有很多是在早几年高利率时期存入的，即使近几年存入的定期存款与国债，此时存期已经过了大半，若提前支取会造成较大的利息损失。考虑到所购期房距交付使用还有较长的一段时间，这时候你不妨用存单（含凭证式国债）向银行申请抵押贷款来进行短期融资，银行将向你提供该存单面额 90% 以上的抵押贷款，待存单到期，所得利息在扣除抵押贷款利息后，将足以超过提前支取所得的活期利息。

申请个人住房公积金和银行住房按揭贷款融资付款

若动用自有资金付款仍还有一定的资金缺口，你可以向银行申请个人住房贷款，但要注意把握以下要点：

（1）要根据贷款可能性来科学选择房贷品种。从贷款利率上看，个人住房公积金贷款的利率最优惠，银行个人住房按揭贷款利率次之。故只要是及时足额缴纳公积金的职工，均应首先申请自己可以得到的最大额度、最长期限的公积金贷款。无缘申请个人住房公积金贷款的人，可以用所购期房作抵押，或有足够代偿能力的单位与自然人作担保，向银行申请一定额度与期限的银行个人住房按揭贷款。

（2）要根据今后是否提前还贷来科学选择月还款方式。目前银行主要提供等额本息还款法和等额本金还款法两种方式。等额本息还款法就是把按揭贷款的本金总额与利息总额相加，然后平均分到还款期限的每个月中，每月的还款额是固定的，但每月还款额中的本金比重逐月递增、利息比重逐月递减。这种还款方式占用银行贷款的数量最多、占用的时间更长。等额本金贷款在贷款初期月还款额大，此后逐月递减（月递减额 = 月还本金 × 月利率）。相对来说，等额本金还款法总利息会少些，但两种方法各有优劣，应量力而行。

房产升值的八个因素

自住购房时，考虑最多的是价格合适、居住合适等问题，而投资购房时，就像投资股票一样，考虑最多的是房产的升值问题，包括房屋价格和租金的上升。一般来说，投资股票，你没有实力坐庄，你就难以把握自己的命运，任人摆布的时候居多，但是，投资房产，即使你只是一个中小投资者，也不影响获利。当然，你得掌握并运用好房产升值的八大因素。

交通状况

影响房产价格最显著的因素是地段，决定地段好坏的最活跃的因素是交通状况，一条马路或城市地铁的修建，可以使不好的地段变好，好的地段变得更好，相应的房产价格自然也就直线上升。投资者要仔细研究城市规划方案，关注城市的基本建设进展情况，以便寻找具有升值潜力的房产。应用这一因素的关键是掌握好投资时机。投资过早，资金可能被“套牢”；投资过晚，可能丧失房产升值的空间。

周边环境

周边环境包括生态环境、人文环境、经济环境。任何环境条件的改善都会使房产升值。应用这一因素的关键也是要研究城市规划方案，恰当掌握好投资时机。

物业管理

以投资为目的购买房产，更应注意物业管理的水平，它直接决定了租金的高低。另外，有些物业管理也有代业主出租的业务，因此买房时要注意。

一个得力的销售部门也许会给以后的出租带来很多方便。应用好这一因素的关键是在购房时，应将物业管理公司的资质、信誉和服务水平加以重点考虑。

社区背景

每一个社区都有自己的背景，特别是文化背景。在这样一个知识经济时代，文化层次越高的社区，房产越具有增值的潜力。

配套设施

“足不出户”（户：指小区）就能够解决所有的生活问题，是中国特色小区模式的最高境界。很多小区是逐步发展起来的，其配套设施也是逐步完成的。配套设施完善的过程，也就是房屋价格逐渐上升的过程。应用这一因素的关键是要看开发商的实力，如果小区开发工程中途停止，配套设施的完善也就泡汤了。

房屋品质

随着科学技术的发展，住宅现代化被逐步提上了日程。网络家居、环保住宅等已经成为现实。实际上，房屋的品质是在不断变好的。单从这个意义上说，建成的房子会随着时间的推移而不断贬值。这就要求投资者在买房时，要特别注意房屋的品质，对影响房屋品质比较敏感的因素，如布局、层高、建筑质量等，要重点考虑其抗“落伍”性。

期房合约

投资期房具有很大的风险，投资者要慎而又慎。但一般来说，风险大，收益也大。如果能够合理、合法地应用好期房合约，应该是可以获得丰厚回报的。

需要注意两点：一是要请专业人士帮助起草期房合约；二是要挑选有实力和信誉的开发商。这样可以保证能够按期拿到符合标准的房子，或者万一出现开发商违约的情况，也能够保证资金的安全和获得开发商付给的违约金。

经济周期

经济周期是一个最难把握的因素。中国经济还有很大的向上发展空间，但对于房地产的投资也要谨慎小心，量力而行。

如何确定房屋的“身价”

房地产估价需要有丰富的经验和较高的专业水平。目前经国家考核认定的房地产估价师很少为个人服务。对于普通的购房者来说，如果仅仅希望做个大致的评估，不妨分两步走。

第一步，确定评估的基准

在开始评估前，购房者不妨多收集几个近期发生的、地段类似、建筑结构相近的交易，以此对市场行情有个大致的了解。当然，查询大型中介的房屋广告报价，对了解行情也有些帮助。不过，能够作为评估基准的数据，必须是现实的成交价格。

第二步，考虑以下三方面的因素对价格的影响

1.房屋因素

房屋竣工后即进入折旧期，按照理论折旧率，混合一等结构房屋折旧期限为50年，每年的折旧率为2%；另外旧房的套型落后、功能陈旧，这同新建商品房无法相比，“三小”套型小厅、小厨、小卫扣减10%。此外，楼层对价格也会产生影响，若1层和5层为基准价，2层和6层扣减3%，7层扣减5%，3层和4层为增加3%，若是楼顶则扣减5%；而朝向如无朝南窗则扣减5%。

2.环境因素

环境因素既有自然的因素，也有社会的因素；既有大环境，也有小环境。在同一地段，旧房的小区环境会逊色于新住宅区，比如小区平面布局、设施、绿化以及房屋的外观造型等，旧房都要大打折扣的。再如社会环境，在同一土地级别地区，有的适合经商，有的则适宜居住。还有该地区的居民结构、文化氛围。配套建设等都会对房屋价格产生较大的影响。无物业管理和非独立封闭小区分别扣减5%，省、市重点中小学区的为增加15%。

3.心理因素

如果不在价格上有大的诱惑力或其他考虑，人们一般不愿意买旧房，如果旧房的价格同新房相差不大，买旧房就会有难以逾越的心理障碍，心理因素为-8%。

巧用“住房公积金”

每一个在职职工都缴纳职工个人住房公积金，如未动用过的话，住房公积金余额应该有万元以上。但这笔钱该怎么用？作为一项政策性贷款它有哪些服务？如何巧用它？

提前准备“第二套房”

中央银行关于放贷的文件中曾提到对购买第二套房的贷款增加限制，具体是什么限制，有待细则中详述。那么，作为百姓购房贷款中的“第一选择”——公积金贷款，将会有什么相应的限制呢？

以上海市公积金管理中心为例，解释为：目前，公积金贷款中，除了规定“若配偶一方申请了住房公积金贷款，在其未还清贷款本息之前，配偶双方均不能再获得住房公积金贷款”外，对老百姓购买第二套房时的贷款并无其他限制。只要申请者符合申请住房公积金的一般条件，即可获得公积金贷款。公积金贷款最高贷款额，自2015年4月15日起由40万元调整到60万元。最高贷款年限为30年。

由于一般家庭的前一笔贷款大多都是夫妻共同参与还贷，因此在第一笔贷款还完时，双方公积金账户里的储存余额往往不多，想要贷足60万元，多数家庭需要等待数年。因此，购房者需要早作计划。因为在购房贷款中，有没有公积金贷款相去甚远。公积金贷款的月还款额本息总额相对来说较低，商业贷款的月还款额本息总额相对较高，后者的月负担明显要比前者大，而这笔钱是完全可以省下的。

较为划算的做法是：如夫妻双方共同贷款，在选择抵扣时，可以只用一方账户里的钱。如一方缴存额多，另一方缴存额少，不妨选择用缴存额多的进行抵扣。还有种做法是，根据自己的第二套房购房计划，倒推算好时间，提前还贷。

公积金存款不收利息税

很多人看到自己公积金账户里的钱越来越多，常常会觉得不划算，除了买房或一些特定情况下才能使用，但很少有人知道：钱存在公积金账户里是不收取利息税的，在目前国家规定的利率下，钱存在公积金账户里，绝对比存银行活期、零存整取一年期、整存整取 1 年期要合算。

因此，如果不是急于用公积金抵扣房款的话，钱存在公积金里绝对省心省力又合算，更何况存在公积金账户还有及时贷到第二套房房款的机会。如果既贷了公积金又贷了商业贷款，与其用公积金账户里的钱抵扣公积金贷款，还不如另外准备一笔钱，先还商业贷款。

贷款买车不如买房

目前，汽车消费热潮正不断升温，有的市民购房时资金充裕，没有申请住房贷款，可不久后需要购车时资金不足，只好申请购车贷款。其实，更好的做法是在购房时申请住房贷款，留出资金购车，这样其实就是巧用住房贷款购车。

此外，住房贷款期限更长，可以降低每月还款的金额。因此，购房者即使买房时资金充裕，也应该事先考虑其他的大宗消费需求，比如购车、装修、子女教育等，而申请一定比例的购房贷款，比较合算的是申请纯公积金贷款。

一笔相当可观的"养老金"

目前很多职工只知道"三金"（医保金、失业保险金和养老金）是必缴的，而没有"公积金"则问题不大。事实上，职工放弃了"公积金"，也等于放弃了一份很重要的福利，甚至可以说是放弃了一份养老金。

首先，丧失了购房低息贷款的权利。截至 2016 年 8 月 26 日，我国住房公积金个人购房贷款利率为：1 ~ 5 年期年利率为 2.75%，6 ~ 30 年期年利率为 3.25%。而购房商业贷款的利率是，1 ~ 5 年期年利率为 4.75%，6 ~ 30 年期的利率为 4.90%。

其次，职工一直不动用公积金买房，在退休，或遭遇不幸、完全丧失劳动能力时，个人可以提取住房公积金的全部本息余额，这可是一笔相当可观的"养老金"。

因此，随着生活节奏加快，跳槽、换岗已被人们普遍接受，职工应该时刻注意保护自己的"公积金"。

提前偿还住房公积金贷款

借款人提前偿还住房公积金贷款有两种形式：一种是一次性提前还清全部贷款；另一种是提前偿还部分贷款。

一次性提前还清全部贷款是指住房公积金贷款在未到期之前，借款人一次性将贷款余额与当月贷款利息还清的还款方式；提前偿还部分贷款是指住房公积金贷款在未到期之前，借款人在一定条件下一次性偿还部分贷款本金和当月贷款利息的还款方式。部分提前偿还的，应在贷款合同正常履行一年后，且提前偿还的金额不少于上月还款额的 6 倍。

租房一族的理财妙招

在一些发达国家，长时间租房住的人也非常多。在他们看来，病了有医疗保险，老了就住到养老院去，能享受的就尽情享受，何必为了一套房子累死累活。

时下，不少人对租房的认识存在一定的误区，总认为租房花了钱到头来房子还是人家的，自己仍是“一无所有”。事实上，结婚前耗费数十万元、上百万元买了房，不过是将未来几十年租房的钱，集中在短期内支出而已。打个比方说，一套总价 100 万元的商品房，不考虑利息成本，就按 70 年计算，再加上物业管理费，平均分摊到每年的花费在 1.8 万元左右，每月就是 1 500 元。

倘若拿这笔钱租房，尽管从表面上看，租上 10 年，付出 18 万元，房子还不是自己的，似乎很不划算。但假如在租房的 10 年中，出现比目前房价水平下跌 20% 的情况，目前 100 万元的房子就便宜了 20 万元，这租房的 10 年就等于白住了。再说，这 100 万元在 10 年内还可以找个银行理财品种，以年收益 5% 计算，10 年可获利 50 万元，足够付租金。更重要的是，10 年以后造的房子肯定比现在的好。

租房，不仅是一种生活态度，也是一种理财之道。住在别人的房子里，用手头的钱做自己想做的事。他们说：“生活，不应该被房子困住。”

吴小姐在媒体工作，男朋友是高校教师。她刚参加工作一年，两个人月收入加起来约 5 000 元，年终奖共约 15 000 元。他们在江苏昆山租了一套小住宅，月租 750 元，加上生活费，每月需支出 2 000 元左右。此外，近 3 年妹妹读大学，每月平均需寄给她 2 000 元。

他们现有存款40 000元，希望能尽快购置一套房子自住，要咨询的是，现在是否具备买房的财力？要买的话，应采取哪种贷款方式？买什么样的房子比较合适？

一位资深理财师认为，吴小姐刚工作不久，和男朋友关系较稳固，收入尚可，想尽快有个属于自己的家。但根据她的具体情况，她现在买房不是太合适。

主要原因：目前她的现金流太少，如买总房价40万元的住房，首付款至少需12万元，手头4万元存款不够付按揭首付款及装修款；采用等额还贷方式，20年期32万元贷款，月还款额约为2 000元，压力过大；投资渠道少，资金收益率低，剩余资金躺在银行里，没有发挥到最大效用。

理财建议：未来3年还是继续租房为好，将剩余资金根据风险偏好进行合理投资，可投资股票型基金、货币市场基金、信托产品，以期获得较高收益；3年后，累计积蓄可达13万元左右（1 000×12 + 15 000）×3 + 40 000 +部分升值收益= 13万元左右；考虑到吴小姐年收入有相当上升空间，届时可根据情况购买市中心的中小户型住宅（包括二手房），面积在60 ~ 80平方米，男朋友是高校教师，可申请公积金住房按揭贷款，贷款利率相对较低。

这是新婚一年的一个小家庭。张先生30岁，是医院的医生，张太太28岁是同单位的护士。夫妻两人收入稳定，分别是5 500元和3 500元。每月家庭支出也比较稳定，在4 000元左右。由于小家庭建立不久，所以只有3万元的活期储蓄。夫妻两人现在居住在张先生父母早期准备的旧房里，市价40万元。夫妻俩想换一套附近的商品房，考虑在100万元左右。但张先生预计房价会下跌，考虑是否先租房，等房价下跌后再买房。张先生夫妇没有投资理财经验，也没有购买过保险。于是想咨询有经验的理财师，帮助他们的小家庭做一个长期的合理规划。

张先生家庭年收入10.8万元，年支出4.8万元，每年可结余6万元。由于支出比例合理，张先生家庭有较高的储蓄率，为55.6%。但家庭资产有限，且缺少合理的投资渠道。

根据张先生的家庭特点，理财师给出了以下的建议：

首先，张先生应给全家留出必要的家庭准备金，一般是月支出的3 ~ 6倍，

建议保留 1.5 万元的活期存款，其余的另做他用。

其次，从国家的政策调控来看，张先生的对于房价的顾虑是有一定道理的。如果现在张先生立即卖出旧房，购置新房，考虑到 10 万元左右的装修费用，则新房首付 30 万元，其余 70 万元可以使用公积金和商业组合贷款，其中公积金采取足额贷款，以 20 年为例，则每月需还款 4 000 余元，对于张先生这样的新婚家庭而言是一笔沉重的负担。而且，这还影响到日后的子女规划。因此，建议张先生先卖出旧房，采用租房的形式，等房价有所下跌后再购置新居。

对于张先生卖房所得款项 40 万元中的 33 万元用于购买收益相对稳定的债券型基金，根据现在的市场情况，预计年收益率为 10%。这样，两年后可用于支付购置新房的首付款，大约是 40 万元。由于房价下跌为 90 万元左右，因此张先生只需选择 50 万元的公积金和商业组合贷款，其中公积金采取足额贷款，同样以 20 年为例，每月只需还款 3 000 元左右。

第 6 章

基金理财：懒人理财，坐收渔利

新手投资基金第一课

新手买基金一定要注意如下问题。

加强学习，切忌稀里糊涂

毕竟是投资，花点时间先搞明白了再行动也不迟。“不买就来不及了”的浮躁心理不可取，头脑发热会影响自己作出正确的判断的。去银行提到拆分，旁边一个阿姨立即问：“姑娘，什么叫拆分呀？”阿姨在这样的情况下贸然进入，警惕风险哦！

善于总结经验教训

（1）在申购基金时还是要慎重，不要轻易作出申购决定。投资有风险，入市需谨慎！

那种见到别人赚钱，“不买就来不及了”的浮躁心理不可取。即使因为自己的犹豫错失良机，也胜过贸然申购被套牢！

选好的基金公司旗下的优质老基金，别怕净值高，因为我们买的是增长率而不是净值。净值低的只是说明同样多的金额拥有的份额多而已。

（2）申购后就先轻易不要动。持有一段时间后，适时选择调仓或者趁优

惠时转换或赎回。有些公司同类基金转换是免手续费的，大家可以随时登陆公司网站观察动态。

像局内人一样买基金

买基金首先要基金对做到透彻的了解，要像局内人一样买基金，这样才能买到称心如意的基金。

大中小

张一一被老家打来的电话惊醒，电话那头传来急切的声音：你上次买的那些基金跌了，快点卖啊！这条讯息从2月以来的大盘急跌开始，经过张一一母亲的圈子消化了一番之后，惊扰了他的清晨美梦。时间倒退回去四周，张一一的母亲还得意地宣扬自己的先见之明：你看，都是在我买了以后，隔壁的王家妈妈才去买的，现在银行里到处都是买基金的人。尽管母亲对基金还没有超过对"鸡精"的认识，甚至不知道导致张一一父亲在2003年投资亏本的也是这个叫"基金"的玩意。2006年巨大的财富效应口口相传于民间，长江中下游的南部小镇也开始沸腾，张一一的母亲始终把基金当作她最熟悉的金融产品——存款，在老人家看来，这是一个没有存期、比银行利息多得多的活期。

金融产品比世界上任何一种商品都奇特，这种"莫衷一是"的特质让张一一想起了20世纪90年代初物质匮乏的日子。张一一的母亲就是这么挑选电冰箱的，在仓库里堆着不知道牌子的冰箱，外面罩着厚厚的包装纸板，因为不能拆开，只能找经验丰富的师傅通过纸盒来判断电机性能稍好的冰箱。

从这一点看来，基金就像是包装盒里的冰箱，在拆开之前，你永远都不会知道压缩机的产地。但不同之处是，你可以在用了半年之后买一台稳压器以防止冰箱跳闸，但基金的"稳压器"在哪里？

局内人说："基金就是一场赛狗大会，无论你看起来多光鲜、多像一位出色的金融从业人士——一张座次表就能决定你的地位。"

每逢周一、周四和周六，澳门逸园里就充斥着疯狂的人群和数只穿着不同颜色“战衣”的格力狗。赛狗，是澳门人喜闻乐见的博彩，在赛狗前一日，各大报章都会公开赛狗次序表，这张表上详细地写着每场比赛的狗的排位、以往的成绩、现在的赔率。

这与投资者不厌其烦的排序涨跌类似，每天、每周、每个月……排名，稍有差池，“失败”的基金会被马上扫出投资清单。

这是基金宣传手册上不曾写到的铁血军规：没有哪个投资者会有耐心持有一只迟迟没有动静的基金，不管你的理由多充分，失败就是失败；不管你使出的手段多恶劣，排名就是王道。

于是，海富通精选的基金经理郑拓说：“假设一个基金经理仅买了茅台，结果会怎样？”

没错，这个基金经理很可能已经功成名就了，但前提是，他没有在茅台大涨之前下课，也没有迫于种种压力而卖出股票。

花花轿子人抬人

局内人透露，有一些一直能维持高净值的基金，其中也大有奥妙。一些基金公司为了树立自己所谓的业绩“标杆”，通过旗下几只基金一起为某只基金“抬轿子”。

另一些急功近利的行为可以在“分红”上看出端倪。

基金分红能为投资人带来即得收益，也使投资人能够将收益进行适当再分配，确保较为稳健的收益性。但是，国内一些基金公司为了卖出更多的新基金份额，宣称自己基金的分红次数如何多、收益如何高。

分析市场不难发现，这些“分红”大部分具有“虚胖”嫌疑，或是分红少次数多，或是在发行新基金时对公司旗下的老基金进行分红。这些收益无非是基金持有者本来就该得到的利润，却被冠以各种名号。

在某基金公司总经理看来，基金分红不仅误导投资人以分红次数多少来衡量基金好坏，也使得基金公司为了保持分红需要的现金，在投资中不敢进行较为充足而长期的投资，为保持较高的流动性而牺牲长期的收益，同时也

使得投资人不能获取更长时间复利收益，即所谓“利滚利”。举例而言，以10万元资金投资年收益为18%的基金，如果连续投资4年，10万元就变成20万元；20万元继续投资，4年后变成40万元，依次类推，10万元资金不到20年就窜到150多万元。与此相对，如果将18%的收益每年都分红，20年后，10万元只能变成46万元。这个差异表明，频繁分红的受害者是基金持有人。

家庭理财莫忘四项“基金”

张先生今年28岁，是一家外企的管理人员，太太是一家广告公司的文案人员，家庭年收入20万元左右。他们去年结婚，今年5月宝宝将出生。现在有家庭积蓄25万元，有一套100多平方米的房子，以每平方米1 900元的价格于两年前购得，20年按揭，每月需还款2 000元；另外还有一套85平方米的房子。有个在张先生家附近开店的韩国人想买张先生的大房子，每平方米加价1 000元。如果卖房还贷之后可净剩30万元，想请理财师指点一下，这种情况，应如何合理配置自己的家庭资产。

张先生收入不菲，并且有这么多固定资产，作为结婚不久的年轻人，家底已很殷实。不过，张先生有房产两处，占了家庭总资产的绝大多数。而当时房地产的形势不太乐观，很多中小城市受到购买力有限等因素影响，房价出现了回调的迹象。所以，张先生有必要根据这一现实情况，重新调整自己的理财思路。

建议一：售出大房子。张先生目前是两口之家，即使生了宝宝，85平方米的房子也完全够住了。两年前购买的房子已经上涨了52%，见好就收、落袋为安或许是比较好的选择，这样既可无债一身轻，又可套现资金进行其他投资。

建议二：合理规划四项“基金”。张先生卖掉大房子、还清贷款后的家庭总积蓄为55万元。根据张先生的需求可分成以下四种基金。

用20万元设立“养老基金”

养老基金既要安全稳妥，又要考虑增值，所以建议张先生用10万元购买集合理财产品，现在很多集合理财产品的年预期收益最高为3.90%，并且券商以自身的部分资金参与集合理财，投资者的收益和本金可以优先取得，所以目前发行的集合理财产品具有较好的稳妥性和收益性。

用15万元设立“子女教育基金”

学费上涨的速度很快，可以采用开放式基金的方式来进行投资。目前，很多绩优开放式基金的投资价值不断显现，建议张先生购买1至2只基金净值排名靠前的老牌开放式基金，坐享基金“专家理财”带来的长期回报。

另外可以用5万元建立“保险基金”

建议张先生为自己和太太购买部分意外伤害和大病保险，花钱不是很多，保险效果却很好。孩子出生后，张先生可以为孩子购买适量的两全型保险，选择每年一次缴费，这样，孩子上幼儿园、小学、中学、大学时都会得到相应的教育金。孩子如果患上重大疾病，也会得到很好的保障。

还可以用5万元设立“日常开支基金”

打理这种流动性资金最好的工具是货币市场基金，货币市场基金的特点是可以及时变现，又能享受比定期存款高的收益，即使目前收益率有所下降，也为活期储蓄税后收益的数倍。

当然，设立这么多基金，其实是分工不分家的，“四项基金”仅仅是为了看起来更加直观而已。另外就医疗保障而言，张先生收入不菲，工作压力自然比普通人大得多，所以应该加大健康方面的投入。

学习如何打理身边的小钱

有一些不起眼的基金，如纯债基金、货币基金等，起点低，收益小。那么，该如何打理身边的这些“小钱”，让其充分为己所用呢？

购买纯债基金

现在有多种短期纯债基金由银行托管销售，最长可投资3年以内的国债、金融债、协议存款等，其稳妥性与银行人民币理财相差无几，但起点低，一般1 000元就可以购买，并且两个工作日即可变现。目前中短期纯债基金的年

收益率高于定期存款和货币市场基金。

购买货币基金

货币基金往往被投资人作为银行存款的良好替代物和现金管理的工具，享有“准储蓄”的美誉，其收益一般高于银行储蓄存款。就算手上只有三五百元也不要紧，统统存入活期账户，然后再通过网上银行就可即时进行货币基金的申购和赎回。购买保险每个月几十元的小钱，积攒一年下来，就可用300元至500元投资一份保障相当全面的健康保险。

投资可转债的金融产品

可转债是一种可在特定时间按特定条件转换为普通股票的特殊企业债券，保证本金和最低收益，一般年利率在1.5%左右，高于一般活期存款。

买基金就选“三好”基金

所谓“三好”基金，第一是好公司和好团队。考察一家公司首先要看基金公司的股东背景、公司实力、公司文化以及市场形象，同时还要进一步考察公司治理结构、内部风险控制、信息披露制度，是否注重投资者教育，等等。其次要考察管理团队，主要看团队中人员的素质、投资团队实力以及投资绩效。

第一是要看好业绩

市场上表现优秀的基金公司，有着在各种市场环境下都能保持长期而稳定的盈利能力，好业绩也是判断一家公司优劣的重要标准。首先要看公司是否有成熟的投资理念，是否契合自己的投资理念，投资流程是否科学和完善；是否有专业化的研究方法、风险管理及控制，公司产品线构筑情况等。

第二要看公司的历史业绩

虽然历史投资业绩并不表明其未来也能简单复制，但至少能反映出公司的整体投资能力和研究水准。此外，选择基金时还要关注那些风格、收益率水平比较稳定、持股集中度和换手率较合理的产品。

第三是好服务

正如您在商场、酒店等消费时应该享受相应的服务一样，作为代客理财的中介服务机构，基金公司的重要职责之一就是提供优质的理财服务。从交易操作咨询、公司产品介绍到专家市场观点、理财顾问服务等，服务质量的高低也是投资者在选择基金时不容忽视的指标。

怎样判断基金的赚钱能力

对于很多刚搞清楚“基金”和“鸡精”区别的新基民来说，要在众多的基金产品中选择一款适合自己的理财产品，其难度不言而喻。专业人士告诉投资者买基金不怕贵的只挑对的，那怎样才能判断一只基金赚钱能力强呢?

比较简单的做法是比较基金的历史业绩，即过往的净值增长率。目前各类财经报刊、网站都提供基金排行榜，对同种类型基金的收益率提供了苹果对苹果式的比较。在对收益率进行比较时，我们要关注以下几点：

业绩表现的持续性

基金作为一种中长期的投资理财方式，应关注其长期增长的趋势和业绩表现的稳定性。因此，投资者在对基金收益率进行比较时，应更多地关注6个月、1年乃至2年以上的指标，基金的短期排名靠前只能证明对当前市场的把握能力，却不能证明其长期盈利能力。从国际成熟市场的统计数据来看，具有10年以上业绩证明的基金更受投资者青睐。

风险和收益的合理配比

投资的本质是风险收益的合理配比，净值增长率只是基金绩效的表观体现，要全面评价一只基金的业绩表现，还需考虑投资基金所承担的风险。考察基金投资风险的指标有很多，包括波动幅度、夏普比率、换手率等。

对于普通投资者来说，这些指标可能过于专业。实际上，一些第三方的基金评级机构就给我们提供了这些数据，投资者通过这些途径就可以很方便地了解到投资基金所承受的风险，从而更有针对性地指导自己的投资。专业基金评级机构会每周提供业绩排行榜，对国内各家基金公司管理的产品进行了逐一业绩计算和风险评估。

全面考察该公司管理的其他同类型基金的业绩

“一枝独秀”不能说明问题，“全面开花”才值得信赖。因为只有整体业绩均衡、优异，才能说明基金业绩不是源于某些特定因素，而是因为公司建立了严谨规范的投资管理制度和流程，投资团队整体实力雄厚、配合和谐，这样的业绩才具有可复制性。

基金投资勿忘风险

任何投资都有风险，基金投资也不例外。投资是不断控制和抵抗风险的过程，投资者在投资基金的过程中，通常会面临以下几种风险：

首先是市场下跌带来的风险

市场过热往往预示着风险的来临。基金市场在经过 2015 年的大起大落以后，2016 年又以全新的姿态展现在投资者面前。然而，在经过市场洗礼后，投资机会跟以往比较更难把握。因此，投资者需掌握更多专业知识来应对市场可能潜在的风险，既不能错过好机会，也不能过于贪多，争取在降低风险的前提下，获得更多的收益。

其次是基金公司操作失误的风险

20 世纪 90 年代中期，美国华尔街出现了一个由两位诺贝尔经济学奖得主、前美联储副主席与华尔街最成功的套利交易者共同组建的长期资本基金，在短短 4 年中，其获得了 285% 的离奇收益率，缔造了华尔街神话。然而，在其出色交易员的过度操纵之下，长期资本基金在两个月之内又输掉了 45 亿美元，走向了万劫不复之地。在中国，也常有基金经理变更而导致业绩下滑的现象，还有些基金公司因为对未来经济形势和市场热点的把握失误导致业绩低下。

再次是来自于投资人自身的风险

风险除了来自市场和基金公司之外，更多的风险实际是来自于买基金的人自身。追逐业绩是普通投资者最乐意为之的投资方式，很多的投资者四处寻找业绩最好的资产种类或基金。但是由于没有一项投资的业绩是保持不变的，往往投资者会在调整发生之前进行购买。随后，这些业绩追逐者在失望中出售其投资，但却通常恰恰发生在业绩就要开始反弹之前。业绩追逐者希望通过对回报的密切关注为自己带来最佳的投资，但实际上，他们的盲目追逐导致了他们高价买进，低价抛出——正好与其想要的结果相反。

最后是投机心态是最大的风险

一些投资者不顾自身的风险承受能力，不仅将自己的房产抵押，甚至不惜借利息很高的钱进行基金投资，这是一种非常危险的投机行为。这种投机的风险是非常巨大的，一旦市场下跌，这部分投资者会因为放大了资金杠杆而遭受大额亏损。投资基金是家庭资产配置中的一部分，尤其是股票型基金要做好长期投资的准备，千万不要抱着赌博的心态进行投机。

无论是从投资角度还是从理财角度，在此都不得不提醒大家：理性是投资的基石，基金投资不能忘记风险。

理性看待基金排名

经过发展，截止到 2016 年 4 月 27 日，我国公募基金公司 109 家，行业规模 78 106.61 亿元，基金数量 4 283 只。此外，还有私募基金公司 14 406 家。在基金持续营销中也出现了拆分、大比例分红、复制基金等创新模式，如此众多的产品和创新方式摆放在投资者面前，难免令没有经验的投资者眼花缭乱，不知从何入手。国内投资者在专业知识缺乏的情况下，最容易犯下的错误是按照短期业绩排名选择基金。

由于基金行业的竞争，每家投资基金每周要公布资产净值，基金评级机构对基金以净值增长率为核心进行评级排名，这种排名往往忽视或未考虑风险因素。短期排名给各基金管理人很大的压力，基金经理不得不关注自己重仓股的短期涨跌，其投资必然受市场的影响，也必然要动摇长期投资的理念，从而为了短期业绩的考核而采用短视的投资策略。

在美国 20 世纪 90 年代科技股泡沫时期，投资大盘高科技股票基金成为时尚，无论是排名还是评级，这类基金都名列前茅，使基金排名和评级在一定程度上落入某种“陷阱”。许多投资者属于追赶潮流派，而当市场反转时，

众多根据排名和评级进行投资的人不约而同地陷入穷途末路。

中国的基金排名由于大多数基金成立时间不足，因此在排名往往被粗略分成股票型、混合型、债券型等类型，以半年、一年作为计算区间，排名榜的变化非常剧烈，根本不足以反映基金经理的投资风格与投资能力，让投资者难以选择。因此，我们建议投资者在挑选基金产品时不要一味地追逐短期业绩排名，要将基金作为长期投资的工具，选择长期业绩表现优异的基金，以理性的心态进行投资。

基金定投

购买基金的投资者常常左右为难：买，怕买高了被套住；不买，又怕很快涨上去。此时该怎样购买基金呢？这里，专家为您推荐一个简便的方法——基金定投。

基金定投就是投资者每月在相应的账户上存入固定的资金，银行每月就将定时为你申购基金，每月最小定投额度为200元，便于中小投资者持续投资。

选择基金定投，最大的好处是使风险得到有效的均摊。

选择基金定投，如果后市上涨，你仍能持续赚。如果下跌，每次购买后，平均成本就比一次性购买低。股市涨回来你也能很快扭亏为盈。

基金定投目前在成熟市场相当普遍，但国内投资者采用的不多。其实，投资的时间远比投资的时点来得重要，只要投资时间够长，能够掌握股市完整波段的涨幅，就能降低进场时点对投资收益的影响，享受长期投资累积资产的效果。所以，选择业绩稳健的基金进行定投不失为稳健投资者的理财良策。

办理基金定投，你只要选择一家你认可的、有代销基金的银行，提出申请，开通“基金定投”后，银行即可每月定时定额为你申购基金，关键是你每月要按时存钱。

在此要提醒的是，由于基金公司不同，其设定的定投最低金额可能会有所不同。

基金投资的四个价值点

投资股票，既可以从股票的价差中获利，也可以获取上市公司的分红。但投资基金呢？引起投资者关注的还是基金的分红。

由于基金的业绩与证券市场的关联度极大，基金的业绩也呈现出一定的不稳定性。特别是基金的投资周期较长，短期投资很难得到投资回报。但随着基金产品的不断丰富，投资者对基金产品了解的不断深入，只要在基金投资中做到用心、留心、细心，仍可以像操作股票一样，找到基金投资中的“价值点”。

基金转换投资中的“价值点”

投资者在进行基金投资时，应时刻关注基金净值随证券市场变动的关系，并捕捉基金净值变动中的“价值点”，进行基金产品的巧转换。如当证券市场处于短期高点时（从技术形态上判断），投资者就可以进行基金转换，将股票型基金份额赎回，转换成货币市场基金，从而实现基金的获利过程。

基金申购、赎回费率上的“价值点”

投资者在选择基金产品时，应当就不同的基金产品，针对不同的申购、赎回费率而采取不同的策略，切不可马虎大意。除此之外，在了解各基金产品的费率特点后，应通过基金产品之间的转换起到巧省费率的目的。

场内交易和场外申购、赎回基金产品中的“价值点”

目前的开放式基金产品大多是不可上市交易型的。投资者投资基金只能依照基金净值进行基金投资，而且在时点的把握上和资金的使用上，都受到场外交易条件的限制。即使进行一定的套利操作，也是一种估计。上市开放型交易基金的推出，克服了这一弊端。投资者完全可以通过上市型交易开放式基金的二级市场价格和基金净值的变动实现套利计划，上市开放交易基金的推出也为那些进行短线操作基金的投资者提供了基金投资的机会。

基金资产配置和投资组合中的“价值点”

一只基金运作是不是稳健，投资品种是不是具有成长性，需要通过观察和了解基金的投资组合才能得出判断。通过基金的资产配置状况预测基金未来的净值状况，将为基金的未来投资提供较大的帮助。

第7章

股票理财：风险越高，回报越高

怎样选择股票

从事股票投资就要买进一定品种、一定数量的股票，但是面对交易市场上令人眼花缭乱的众多股票，到底买哪种或哪几种好呢？其实，股票投资关键就是解决买什么股票、如何买的问题。这里我们先提出几条基本性的原则：

要选择各类股票中具有代表性的热门股

什么叫热门股？一般来讲，热门股是指在一定时期内表现活跃、被广大股民瞩目、交易额比较大的股票。因其交易活跃，故买卖容易，尤其在做短线时获利机会较大，抛售变现能力也较强。

选择业绩好、股息高的股票

其特点是具有较强的稳定性，无论股市发生暴涨或暴跌，都不大容易受影响，这种股票尤其适合做中长线者。

选择知名度高的公司股票

对于不了解其底细的、名气不大的公司的股票，投资者应持慎重态度。无论做短线、中线、长线，都应该如此。

选择稳定成长公司的股票

这类公司经营状况好，利润稳步上升，而不是忽高忽低，所以稳定成长公司的股票安全系数较高，发展前景好，尤其适于做长线的投资者投入。

股票怎样入市

进入股市炒股，首先要做好以下准备工作。

入市的准备

想买卖股票吗？很容易。只要有身份证，还有买卖股票的保证金。

办理深、沪证券账户卡。个人持身份证，到所在地的证券登记机构办理深圳、上海证券账户卡（上海地区的股民可直接到买卖深股的证券商处办理深圳账户卡）。法人持营业执照、法人委托书和经办人身份证办理。

开设资金账户（保证金账户）。入市前，在选定的证券商处存入资金，证券商将为投资者设立资金账户。

投资者可以订阅一份《中国证券报》或《证券时报》。知己知彼，然后上阵搏杀。

股票的买卖

与去商场买东西有所不同，买卖股票时不能直接进场讨价还价，而需要委托别人——证券商代理买卖。

找一家离住所最近的和信得过的证券商，走进去，按自己的意愿、照他们的要求，填一两张简单的表格。如果想要更省事的话，可以使用小键盘、触摸屏等设备，还可以安坐家中或办公室，轻松地使用电话委托或远程可视电话委托。

深股采用“托管证券商”模式。股民在某一证券商处买入股票，在未办理转托管前只能在同一证券商处卖出。若要从其他证券商处卖出股票，应该先办理“转托管”手续。沪股中的“指定交易点制度”，与上述办法相类似，只是无须办理转托管手续。

转托管

股民持身份证、证券账户卡到转出证券商处就可直接转出，然后凭打印的转托管单据，再到转入券商处办理转入登记手续；上海交易所股票只要办理撤销指定交易和办理指定交易手续即可。

分红派息和配股认购

红股、配股权证自动到账。

股息由证券商负责自动划入股民的资金账户。股息到账日为股权登记日后的第3个工作日。

股民在证券商处缴款认购配股。缴款期限、配股交易起始日等以上市公司所刊《配股说明书》为准。

资金股份查询

持本人身份证、深沪证券账户卡，到证券商或证券登记机构处，可查询本人的资金、股份及其变动情况。和买卖股票一样，想更省事的话，还可以使用小键盘、触摸屏和电话查询。

证券账户的挂失

账户卡遗失股民持身份证到所在地证券登记机构申请补发（上海地区的深圳账户卡到托管证券商处办理挂失和补办）。

身份证、账户卡同时遗失股民持派出所出示的身份证遗失证明（说明股民身份证号码、遗失原因、加贴股民照片并加盖派出所公章）、户口簿及其复印件，到所在地证券登记机构更换新的账户卡（上海地区的深圳账户卡到托管证券商处办理）。

为保证所持有的股份和资金的安全，若委托他人代办挂失、换卡，需公证委托。

成交撮合规则的公正和公平

无论身在何处，大户还是小户，投资者的委托指令都会在第一时间被输入证交所的电脑撮合系统进行成交配对。证交所的唯一的原则是：价格优先、时间优先。

股票怎样买卖

当你办妥证券账户卡和资金账户后，推开证券营业部的大门，看到显示屏幕上不断闪动的股票牌价，或许你还不知道究竟应该怎样买卖股票。那么，就让我为你作进一步的介绍。

事实上，作为一个股民，你是不能直接进入证券交易所买卖股票的，而只能通过证券交易所的会员买卖股票，而所谓证交所的会员就是通常的证券经营机构，即券商。你可以向券商下达买进或卖出股票的指令，这被称为委托。委托时必须凭交易密码或证券账户。这里需要指出的是，在我国证券交易中的合法委托是当日有效的限价委托。这是指股民向证券商下达的委托指令必须指明买进或卖出股票的名称（或代码）、数量、价格。并且这一委托只在下达委托的当日有效。委托的内容包括你要买卖股票的简称（代码），数量及买进或卖出股票的价格。股票的简称通常为四个汉字，股票的代码上海和深圳为6位数，委托买卖时股票的代码和简称一定要一致。同时，买卖股票的数量也有一定的规定：即委托买入股票的数量必须是100的整倍数，但委托卖出股票的数量则可以不是100的整倍。

委托的方式有四种：柜台递单委托、电话自动委托、电脑自动委托和远程终端委托。

柜台递单委托

带上自己的身份证和账户卡，到你开设资金账户的证券营业部柜台填写买进或卖出股票的委托书，然后由柜台的工作人员审核后执行。

电脑自动委托

就是你在证券营业部大厅里的电脑上亲自输入买进或卖出股票的代码、数量和价格，由电脑来执行你的委托指令。

电话自动委托

就是用电话拨通你开设资金账户的证券营业部柜台的电话自动委托系统，用电话上的数字和符号键输入你想买进或卖出股票的代码、数量和价格从而完成委托。

远程终端委托

就是你通过与证券柜台电脑系统联网的远程终端或互联网下达买进或卖出指令。

除了柜台递单委托方式是由柜台的工作人员确认你的身份外，其余3种委托方式则是通过你的交易密码来确认你的身份，所以一定要好好保管你的交易密码，以免因泄露给你带来不必要的损失。当确认你的身份后，便将委托传送到交易所电脑交易的撮合主机。交易所的撮合主机对接收到的委托进行合法性的检测，然后按竞价规则，确定成交价，自动撮合成交，并立刻将结果传送给证券商，这样你就能知道你的委托是否已经成交。不能成交的委托按“价格优先，时间优先”的原则排队，等候与其后进来的委托成交。当天不能成交的委托自动失效，第二天用以上的方式重新委托。

什么性格的人不宜炒股

心理学家认为，由于人的性格、能力、兴趣爱好等心理特征各不相同，并非人人都适合投入“风险莫测”的股市中去的。据研究，以下几种性格的人不宜炒股。

环型性格者

表现为情绪极不稳定，大起大落，情绪自控能力差，极易受环境的影响，赢利时兴高采烈，忘乎所以却不知风险将至，输钱时灰心丧气，一蹶不振，怨天尤人。

偏执性格者

表现为个性偏激，自我评价过高，刚愎自用，在买进股票时常坚信自己的片面判断，听不进任何忠告，甚至来自股民的警告也当耳边风，当遇到挫折或失败时，则用心理投射机制迁怒别人。

懦弱性格者

表现为随大流，人云亦云，缺乏自信，无主见，遇事优柔寡断，总是按照别人的意见去做事。进入股市，则表现为盲目跟风。往往选好的股号因改来改去而与好股擦肩而过，事后后悔不迭。

追求完美性格者

即目标过高，做什么事都追求十全十美，稍有不足即耿耿于怀，自怨自责，其表现为随意性、投机性、赌注性等方面多头全面出击，但机缘巧合的机会毕竟少，于是此类性格的投资者总不能释怀。

有以上性格缺陷的人最好不要炒股，因为在遭受重大的精神刺激时，这些人容易出现心理失衡。股民炒股的悲剧或身心健康损害，大多是不懂得自我心理调适。没有一颗“平常心”的人，对挫折的防御，对突变应付都缺乏应有的认识和分析，更缺乏心理承受能力，最容易造成经常性或突发性的“急性炒股综合征”，轻者怨天尤人、长吁短叹，产生恐惧、幻觉、焦虑、妄想等心理障碍，重则精神完全崩溃，而发生精神疾病或自寻短见。

炒股要善于舍弃

不少投资者在精研各种技术图形、了解上市公司基本面后，投资成绩仍不理想，其原因多种多样，其中之一是不会在恰当时机舍弃，心中之结总也解不开。

古希腊的佛里几亚国王葛第士以非常奇妙的方法，在战车的轭上打了一串结。他预言：谁能打开这个结，就可征服亚洲。一直到公元前334年，仍没有一个人能够成功地将绳结打开。这时，亚历山大率军入侵小亚细亚，他来到葛第士绳结前，不加考虑，便拔剑砍断了绳结。后来，他果然一举占领了比希腊大50倍的波斯帝国。

一个孩子在山里割草，被毒蛇咬了脚。孩子疼痛难忍，而医院在远处的小镇上。孩子毫不犹豫地用镰刀割断受伤的脚趾，然后，忍着剧痛艰难地走到医院。虽然缺少了一个脚趾，但孩子以短暂的疼痛保全了自己的生命。

亚历山大果断地剑砍绳结，说明了他舍弃了传统的思维方式；小孩子果断地舍弃脚趾，以短痛换取了生命。在某个特定时期，只有敢于舍弃，才有机会获取更长远的利益，即使难以避免遭受挫折，也要选择最佳的失败方式。

在股市里几乎所有人都遭受过套牢之苦。哪怕当时你有一万个理由支持去买某只股票，但常常被市场中不是理由的理由使你美梦落空。处于市场的复杂环境下，一旦套住，大多数人采取守仓之策，虽然守住不动总有解套之日，但若一年两年都解不了套，资金的快速流动和增值就都是一句空话。守仓是一策，但不是上策。股票炒作成败往往系于取舍之间，不少投资者看似素质很高，但他们因为难以舍弃眼前的蝇头小利，而忽视了更长远的目标。股票成功者往往只是一年抓住了一两次被别的股民忽视的机遇，而机遇的获取，关键在于投资者是否能够在投资道路上进行果断的取舍。因而进入股票市场后，大多数投资者资金都不会闲置，很多投资者不是投资在这只股票上就是套在另一只股票上。可见，学会舍弃有时要比学会技术分析重要，而更重要的是要善于化解心中之结。

炒股要有全局观点

炒股也要有全局观点，只有那些具有全局观点意识的投资者，才能真正成为股市里的赢家。

炒股要有全局观点，在实际操作中，主要体现在如下两个方面：

重个股，更要重大势

曾经，股市里有一种非常流行的说法，叫作：轻大盘，重个股；又说：撇开大盘炒个股。

事实上，这种说法是非常片面的。虽然当大盘处在一个相对平稳或稳步上扬的市况下时，这种说法具有一定的可行性，但在单边下跌特别是急跌的市道里，这种做法无疑是非常荒谬的。所以在大盘不稳的情况下，想要冒险出击，在看重个股的同时，首先更应看重大盘的走势。

重时点，更要重过程

在股市里，投资者是比较注重股票在某一时间里的价格的，比如最低点和最高点、支撑位和压力位等。这些点位当然很重要，但相对于股指或股价运行的全过程来说，这些又不是最重要的了。

也许在强势上扬的市道里，那最高点之上还有最高点，那压力位根本就没有压力；而在弱势下跌的市道里，情况正好相反。又如，就2016年5月之后的短期行情来看，沪指2 800点下方，被视为是空头陷阱，跌破2800点，大盘会孕育反弹。然而既然只是反弹，那投资者就没有必要抱太大的希望，那就更加没有必要重仓出击。相反，如果是反转那就大不相同了，投资者大可满仓介入，不赚大钱绝不收兵。

做股票，必须学技术

戴花要戴大红花，炒股要听党的话。这话没错，股民都听过，可凡听话而不学技术的股民都亏惨了。比如1996年底的社论，结果引来了1997年上半年的疯狂上涨，2001年的国股减持特大利好，引来了疯狂下跌。因此，还有一句话，说的不做，做的不说。如果你不知道这中国特有的优良传统，那你无论干什么，都会碰得鼻青脸肿。股市是个公众投资市场，需要很高的透明度，可在正确的舆论导向下，你找不到北，傻乎乎地被耍了。

股市和其他市场一样，有赚有赔，有可能被骗。但股市赚得快，赔得也快，因此吸引了无数聪明人来淘金。

看报表，对比财务指标，从基本面选股，后来公司一纸公告，钱没了，股价银河落九天，股民们被骗了。为什么有的股民虚心学习炒股技术，MACD，KDJ，画画线，看形态，量价关系，还是没赚到钱？

其实，股市的技术分析相对于其他学科来说，是最易学的。先人创造了数百种指标，几十种画线方法，数十种形态，可谓大全，虽是如此，却也最难理解，需要你去灵活运用。根据经验，散户做股票，想从公司的基本面选择，很难，因为你不知道是真还是假，若盲目跟从政府的导向去做，也可能变成上钩的鱼。

散户做股票，唯一可相信的，就是你掌握的技术和你的市场经验，当你掌握了技术，可从技术的角度判别基本面的信息影响，从而避免上当受骗，被人愚弄。

既然在技术分析方面前人给出了这么多的方法经验，使你有了很好的切入点，你一定要学习、总结、实践、提高。只有这样，你才能从这个市场获得利润。

其实学习技术分析就像学英语一样，开始很容易，越学越难，可当你继续坚持到一定程度时，突然发现一切都那么有条理，TOEFL600分不那么难了，上帝开始眷顾你了。

学英语有一个现象，有些人经过几个月的强化学习，过关了，也有些人天天学、年年学却进展不大。一是方法，二是环境，股票技术也是这样。借助别人的经验形成自己的方法，就能成功。别迷信大师，钱是你自己的，应该自己支配，支配它的依据就是你的技术。

股市就这么简单，低买了，高卖了，就赢利了。但哪里是低，哪里是高，需要用你的技术去判断，但有一点要注意，技术方法一定要切如本质，不要模模糊糊，不然你又该说技术无用了。

抛弃炒股误区，理性炒股

炒股一定要有科学思维。所谓科学思维就是符合客观事物及其发展规律的思维。

从根本上讲，就是思想方法一定要唯物辩证。我们想买某只股票，事先要了解客观情况，不仅要了解大盘的走势、政策面、周边市场的情况，而且还要了解个股的基本面、业绩、成长性、题材、投资价值及技术走势等，对上述情况要进行辩证的分析，从而作出自己正确的决策。这其中包含有创造性思维、想象思维和逆向思维。不过，这些思维同样是建立在对客观事物及其规律的正确认识的基础上的。只有这样，才能在股市中获胜，成为赢家。

最不幸的投资者是那些从一开始就碰上了大牛市的人，他们的脑子里没有任何下跌的概念，所以当风险来临时，他们也不知道躲避，他们只是靠新手的运气赚钱，就像染上赌瘾的人，刚开始总是会赢钱的，就算他笨到家，赌场老板也会送钱给他，好培养他的贪心和欲望，倘若一开始就让他亏钱，那就只能宰他一回了。房价连涨数年，股市直线拉升，可想而知，有多少工薪阶层被诱了进来，其实诱惑他们的不是别人，正是他们自己内心的贪欲。

许多人入了股市后，不赚反亏，究其原因是缺乏科学思维，从而走进炒股的误区。主要表现有：

盲目跟风

每当某只个股炒得热火朝天的时候，跟风者总是越来越多，结果都高位被套。例如，1999 年 6 月，当恒泰芒果炒到高位时，不少投资者根本不了解它的情况，盲目跟风，以每股 14.5 元左右的价格买进，当涨到 15 元多一股的时候，还舍不得抛掉，结果当中报公布了它的中期每股收益 -0.33 元的消息后，股价暴跌至 9 元左右，不少投资者损失惨重。

凭老经验办事

1997 年一度大炒绩优股，许多人由于买了绩优股赚了大钱。因此，1997 年底 1998 年初，许多投资者按老经验办事，买了绩优股。1998 年市场热点转移到大炒资产重组股和绩差股，使许多买绩优股的投资者受到严重损失。例如，1998 年 2 月，不少投资者以每股 40 元左右的价格买入四川长虹，以后四川长虹跌到 15 元左右一股。又如，1999 年 5·19 行情在 1057 点启动后，许多投资者在 1100 点左右跟进，当股指上升到 1250 点左右时，许多投资者按以往的老经验办事，纷纷将自己手中的股票抛光，做空。可是股指不仅不回落，而是强劲上扬，从 1500 多点上涨到 1756 点。成交量空前放大，股价大幅攀升，真是天价啊。这时，他们中有些人在高盈利欲望的驱使下又纷纷杀入股市，结果高位被套。

赌徒心态

股市最忌讳的应是赌徒心态。但是市场中表现最多的却又是赌徒心态。许多投资者常常在股市中孤注一掷，惨遭损失。例如，市值不到 1.10 元的某只股票，上市首日开盘价 2.45 元，被炒高到 10 元，当天收盘价 6.20 元，当天成交量达 1 381 408 手，换手率逾 90%。由于恶炒，被停牌一天，以后复市连续三个跌停板。

这只股票上市首日被恶炒到那么高，竟有那么多投资者追涨，他们中的许多人是否了解该基金疯炒的奥秘和原因呢？应该只是出于博取短差孤注一掷罢了。这种赌徒心态，令短线资金全受重创。

对股评和传言不加分析

股市的发展千变万化、错综复杂、风险莫测。我们对股评和传言在看了听了之后，一定要多加分析，去粗取精、去伪存真，抛弃其谬误，吸收其真知灼见，不要盲目崇拜，偏听偏信。

要有科学思维，一定要刻苦学习反映股市运行客观规律的各种科学知识，努力探索股市运行的奥妙。只有有了科学思维，才能在股市中获胜，最终成为大赢家。

勿天天买但时时关心

把股票当成终生的事业，不需要天天买卖它，但要天天关心它。人生很少有什么事是可以当成终生事业的，工作到65岁受限于体力和法规，必须告一段落，就算是自己经营事业，也总有退休交棒的一天。但股票不同，它可以从你第一天开户进场买卖起，一直陪伴你到人生的最终时刻。操作股票不受年龄、体力的限制，不受时间和空间的限制，且不受人际交往的牵绊，是一项能当成终身喜好和志业来研究的好事物。

可是许多人常搞错了方向，把股票操作当成每天的例行公事，好像不买卖股票就全身不对劲。其实若将股票当成终生的事业来经营，你只要时时关心它，但不需要时时碰触它，天天进出股市的人，是不会赚到钱的，密切保持对股票的关爱，研究和分析它的道理，适时出手，远比天天与它买卖结缘来得重要。

网上炒股的注意事项

如果想要在网上炒股，自己先要选择一家证券公司，如国泰君安、南方证券等。拥有自己的股东代码后，你才可以在证券公司开办网上炒股业务。你可以根据具体证券公司的软件进行下载，比如君安证券用的是大智慧，你只需到公司提供给你的网址上下载软件后就可以开始网上炒股了。

在网上炒股之前，公司会给你一个操作手册，其中会告诉你怎样看盘，看消息，分析行情等，非常多也非常详细，你要自己钻研。当然如果自己感觉看不太懂，你可以每天关注各个地方电视台的股评，他们也会告诉你一些分析的方法。同时购买证券报等相关报刊，也有助于你早点入门。

网上交易手续办好。带上身份证到本地证券交易厅办理开户手续。存1 000元以上，一次最少买100股。不要急于买股票！首先要学习。观望一段时间，感觉入门懂了再入市，设好止盈止损位！在这里问一句两句，不能解决根本问题。想多学习一些炒股的基本知识，不妨去书店转转，重要的是选好个股，买基本面好又超跌的股票，买价值被低估的个股，股价低有补涨要求，在底部放量；蓄势待发的股票可以适当介入。

网上炒股以其方便、快捷等优势赢得了越来越多的投资者的青睐，但作为在线交易的一种理财方式，其安全问题一直受到人们的关注。有些投资者由于自身防范风险意识相对较弱，有时因操作不当等原因会使股票买卖出现失误，甚至发生被人盗卖股票的现象。因此，掌握一些必要的方法，对于确保网上炒股的顺利进行和资金安全是非常重要的。

正确设置交易密码

如果证券交易密码泄露，他人在得知资金账号的情况下，就可以轻松登录您的账户，严重影响个人资金和股票的安全。所以对网上炒股者来说，必须高度重视网上交易密码的保管，密码忌用吉祥数、出生年月、电话号码等易猜数字，并应定期修改、更换。

谨慎操作

在网上炒股开通协议中，证券公司要求客户在输入交易信息时必须准确无误，否则造成损失，券商概不负责。因此，在输入网上买入或卖出信息时，一定要仔细核对股票代码、价位的元角分以及买入（卖出）选项后，方可点击确认。

及时查询、确认买卖指令

由于网络运行的不稳定性因素，有时电脑界面显示网上委托已成功，但券商服务器却未接到其委托指令；有时电脑显示委托未成功，但当投资者再

次发出指令时券商却已收到两次委托，造成了股票的重复买卖。所以，每项委托操作完毕后，应立即利用网上交易的查询选项，对发出的交易指令进行查询，以确认委托是否被券商受理或是否已成交。

莫忘退出交易系统

交易系统使用完毕后如不及时退出，有时可能会因为家人或同事的误操作，造成交易指令的误发；如果是在网吧等公共场所登录交易系统，使用完毕后更是要立即退出，以免造成股票和账户资金损失。

同时开通电话委托

网上交易时，遇到系统繁忙或网络通信故障，常常会影响正常登录，进而贻误买入或卖出的最佳时机。电话委托作为网上证券交易的补充，可以在网上交易暂不能使用时，解燃眉之急。

不过分依赖系统数据

许多股民习惯用交易系统的查询选项来查看股票买入成本、股票市值等信息，由于交易系统的数据统计方式不同，个股如果遇有配股、转增或送股，交易系统记录的成本价就会出现偏差。因此，在判断股票的盈亏时应以个人记录或交割单的实际信息为准。

关注网上炒股的优惠举措

网上炒股业务减少了券商的工作量，扩大了网络公司的客户规模，所以券商和网络公司有时会组织各种优惠活动，包括赠送上网小时数、减免宽带网开户费、佣金优惠等措施。因此，大家要关注这些信息，并以此作为选择券商和网络公司的条件之一，不选贵的，只选实惠的。

注意做好防黑防毒

目前网上黑客猖獗，病毒泛滥，如果电脑和网络缺少必要的防黑、防毒系统，一旦被“黑”，轻者会造成机器瘫痪和数据丢失，重者会造成股票交易密码等个人资料的泄露。因此，安装必要的防黑防毒软件是确保网上炒股安全的重要手段。

第 8 章 债券理财：稳赚不赔，大众最爱

初识债券

债券是政府、金融机构、工商企业等机构直接向社会借债筹措资金时，向投资者发行，并且承诺按一定利率支付利息并按约定条件偿还本金的债权债务凭证。目前债券主要分为国债、企业债和金融债。国债分为凭证式国债和记账式国债。前者不可上市流通，可提前兑取，但需要支付一定手续费，特别是若一年内提前支取，还不计息，存在一定的风险性；后者则可以上市流通转让。国债利息比银行略高，风险性小，且不交利息税，因此较受百姓欢迎，但不易买到。企业债券是企业为筹措资金而发行的债券，收益率可能比同期国债高，但风险性也较大，有到期不能偿还的风险，购买时宜选择信誉等级 AA 级以上的大企业。金融债券是由金融机构发行的债券，一般不针对个人。由于考虑到资金变现的问题，购买债券时，第一，应该关注债券的流通性和期限，可上市流通的债权便于变现，中短期债券有利于规避利率变动的风险；第二，进行分散购买，即在不同的时间购买同一（不同）期限的同一（不同）债券。

债券的本质是债的证明书，具有法律效力。债券购买者与发行者之间是

一种债权债务关系，债券发行人即债务人，投资者（或债券持有人）即债权人。债券作为一种重要的融资手段和金融工具具有如下特征：

偿还性

债券一般都规定偿还期限，发行人必须按约定条件偿还本金并支付利息。

流通性

债券一般都可以在流通市场上自由转换。

安全性

与股票相比，债券通常规定有固定的利率，与企业绩效没有直接联系，收益比较稳定，风险较小。此外，在企业破产时，债券持有者享有优先于股票持有者对企业剩余财产的索取权。

收益性

债券的收益性主要表现在两个方面：一是投资债券可以给投资者定期或不定期地带来利息收益；二是投资者可以利用债券价格的变动，买卖债券赚取差额。

债券信用是怎样评级的

债券信用评级是指对债务发行人的特定债务或相关负债在有效期限内能及时偿付的能力和意愿的鉴定。其基本形式是人们专门设计的信用评级符号。证券市场参与者只需看到这些专用符号便可得知其真实含义，而无须另加复杂的解释或说明。

国际最著名、最具权威性的信用评级机构当属美国标准普尔公司和穆迪投资评级公司。这两家公司不仅对美国境内上万家公司和地方政府发行的各类债券、商业票据、银行汇票及优先股股票施行评级，还对美国境外资本市场发行的长期债券、外国债券、欧洲债券及各类短期融资券予以评级。所评出的信用等级历来被认为是权威、公正、客观的象征，在国际评级机构中享有盛誉。所评债券分为长期和短期两种，一般以一年为区分两者的界限。对于某家公司所发债券的等级评定，通常可采用两种形式：一是公司直接告知评级机构想要得到的级别，由评级机构对债券的发行量、期限等提出建议和意见，告诉公司采取某些结构调整、成立子公司等，把优良资产和部门单列出来等措施，即所谓的资产重组、并购，不良资产剥离，以保证达到所需的等级。二是评级公司按照正常的程序，通过对发债公司的基本情况、产业结构、财务状况和偿债能力分析的了解，按实地调查分析结果实事求是告知公司能够达到的级别。债券信用级别与发行价格是直接相关的，级别越高，利率越低。风险意识重于赢利意识的人们一般不会为投资报酬较高而风险很大的低级别债券费神。反之，如果某债券中途招致降级，发行人每年就将多支出一大笔利息，甚至还会影响投资者的信心。

信用评级过程一般包括：收集足够的信息来对发行人和所申报的债券进行评估，在充分的数据和科学的分析基础上评定出适当的等级，然后，监督已定级的债券在一段时期内的信用质量，及时根据发行人的财务状况变化作出相应的信用级别调整，并将此信息告知发行人和投资者。

标准普尔公司把债券的评级定为四等十二级：AAA、AA、A、BBB、BB、B、CCC、CC、C、DDD、DD、D。为了能更精确地反映出每个级别内部的细微差别，在每个级别上还可视情况不同加上“+”或“-”符号，以示区别。这样，又可组成几十个小的级别。

AAA是信用最高级别，表示无风险，信誉最高，偿债能力极强，不受经济形势影响；AA是表示高级，最少风险，有很强的偿债能力；A是表示中上级，较少风险，支付能力较强，在经济环境变动时，易受不利因素影响；BBB表示中级，有风险，有足够的还本付息能力，但缺乏可靠的保证，其安全性容易受不确定因素影响，这也是在正常情况下投资者所能接受的最低信用度等级。以上这四种级别一般被认为属投资级别，其债券质量相对较高。后八种级别则属投机级别，其投机程度依此递增，这类债券面临大量不确定因素。特别是C级，一般被认为是濒临绝境的边缘，也是投机级中资信度最低的，至于D等信用度级别，则表示该类债券是属违约性质，根本无还本付息希望，如被评为D级，那发行人离倒闭关门就不远了。因此，是三个D还是两个D意义已不大。

以上等级标准及评判尺度各国可能略有不同，有的类别稍有差异，但按

其风险大小，以 ABCD 形式依此排列的做法还是相通的。对股票的评级也大同小异。我国债券评级标准是参照国际惯例做法和我国评级实际情况，主要侧重于依据债券到期还本付息能力与投资者购买债券的投资风险程度而制定的，其级别设置没有 D 级，分三等九级。

怎样计算债券收益

投资债券，最关心的就是债券收益有多少。为了精确衡量债券收益，一般使用债券收益率这个指标。债券收益率是债券收益与其投入本金的比率，通常用年率表示。债券收益不同于债券利息。由于人们在债券持有期内，可以在市场进行买卖，因此，债券收益除利息收入外，还包括买卖盈亏差价。

决定债券收益率的主要因素，有债券的票面利率、期限、面额和购买价格。最基本的债券收益率计算公式为：

债券收益率 =（到期本息和 − 发行价格）/（发行价格 × 偿还期限）×100%

由于持有人可能在债券偿还期内转让债券，因此，债券收益率还可以分为债券出售者的收益率、债券购买者的收益率和债券持有期间的收益率。各自的计算公式如下：

出售者收益率 =（卖出价格 − 发行价格 + 持有期间的利息）/（发行价格 × 持有年限）×100%

购买者收益率 =（到期本息和 − 买入价格）/（买入价格 × 剩余期限）×100%

持有期间收益率 =（卖出价格 − 买入价格 + 持有期间的利息）/（买入价格 × 持有年限）×100%

举一个简单的案例来进行进一步的分析。林先生于 2011 年 1 月 1 日以 102 元的价格购买了一张面值为 100 元、利率为 10%、每年 1 月 1 日支付利息的 5 年期国债，并打算持有到 2012 年 1 月 1 日到期，则：购买者收益率 =（100 + 100×10% − 102）/（102× 1 ）×100% = 7.8%；出售者收益率 =（102 −

100 + 100×10%×4)/(100×4)×100% = 10.5%。

以上计算公式并没有考虑把获得利息以后，进行再投资的因素量化考虑在内。把所获利息的再投资收益计入债券收益，据此计算出的收益率即为复利收益率。

三个关键词帮你选择债券

投资者在看债券的分析文章，或者媒体提供的债券收益指标时，经常会发现几个专有名词：久期、到期收益率和收益率曲线。这些名词对于投资者选择债券来说都意味着什么呢?

久期

久期在数值上和债券的剩余期限近似，但又有别于债券的剩余期限。在债券投资里，久期被用来衡量债券或者债券组合的利率风险，它对投资者有效把握投资节奏有很大的帮助。

一般来说，久期和债券的到期收益率成反比，和债券的剩余年限及票面利率成正比。但对于一个普通的附息债券，如果债券的票面利率和其当前的收益率相当的话，该债券的久期就等于其剩余年限。还有一个特殊的情况是，当一个债券是贴现发行的无票面利率债券，那么该债券的剩余年限就是其久期。另外，债券的久期越大，利率的变化对该债券价格的影响也越大，因此风险也越大。在降息时，久期大的债券上升幅度较大；在升息时，久期大的债券下跌的幅度也较大。因此，投资者在预期未来升息时，可选择久期小的债券。

目前来看，久期在债券分析中已经超越了时间的概念，投资者更多地用它来衡量债券价格变动对利率变化的敏感度，并且经过一定的修正，以使其能精确地量化利率变动给债券价格造成的影响。修正久期越大，债券价格对收益率的变动就越敏感，收益率上升所引起的债券价格下降幅度就越大，而收益率下降所引起的债券价格上升幅度也越大。可见，同等要素条件下，修正久期小的债券比修正久期大的债券抗利率上升风险能力强，但抗利率下降

风险能力较弱。

到期收益率

国债价格虽然没有股票那样波动剧烈，但它品种多、期限利率各不相同，常常让投资者眼花缭乱、无从下手。其实，新手投资国债仅仅靠一个到期收益率即可作出基本的判断。到期收益率 =［固定利率 +（到期价 - 买进价）/ 持有时间］/ 买进价，举例说明，某人以 98.7 元购买了固定利率为 4.71%，到期价为 100 元，到期日 2011 年 8 月 25 日的国债，持有时间为 2 433 天，除以 360 天后折合为 6.75 年，那么到期收益率就是（4.71%+0.19%）/98.7=4.96%。

一旦掌握了国债的收益率计算方法，就可以计算出不同国债的到期或持有期内收益率。准确计算你所关注国债的收益率，才能与当前的银行利率作比较，作出投资决策。

收益率曲线

债券收益率曲线反映的是某一时点上，不同期限债券的到期收益率水平。利用收益率曲线可以为投资者的债券投资带来很大帮助。

债券收益率曲线通常表现为四种情况：一是正向收益率曲线，它意味着在某一时点上，债券的投资期限越长，收益率越高，也就是说社会经济正处于增长期阶段（这是收益率曲线最为常见的形态）；二是反向收益率曲线，它表明在某一时点上，债券的投资期限越长，收益率越低，也就意味着社会经济进入衰退期；三是水平收益率曲线，表明收益率的高低与投资期限的长短无关，也就意味着社会经济出现极不正常情况；四是波动收益率曲线，这表明债券收益率随投资期限不同，呈现出波浪变动，也就意味着社会经济未来有可能出现波动。

在一般情况下，债券收益率曲线通常是有一定角度的正向曲线，即长期利率的位置要高于短期利率。这是因为，由于期限短的债券流动性要好于期限长的债券，作为流动性较差的一种补偿，期限长的债券收益率也就要高于期限短的收益率。当然，当资金紧俏导致供需不平衡时，也可能出现短高长低的反向收益率曲线。

投资者还可以根据收益率曲线不同的预期变化趋势，采取相应的投资策略的管理方法。如果预期收益率曲线基本维持不变，而且目前收益率曲线是向上倾斜的，则可以买入期限较长的债券；如果预期收益率曲线变陡，则可以买入短期债券，卖出长期债券；如果预期收益率曲线变得较为平坦时，则可以买入长期债券，卖出短期债券。如果预期正确，上述投资策略可以为投资者降低风险，提高收益。

我国债券发行有哪些类别

债券市场是发行和买卖债券的场所。债券市场是金融市场的一个重要组成部分。根据不同的分类标准，债券市场可分为不同的类别。最常见的分类有以下几种：

根据债券的运行过程和市场的基本功能，可将债券市场分为发行市场和流通市场

债券发行市场，又称一级市场，是发行单位初次出售新债券的市场。债券发行市场的作用是将政府、金融机构以及工商企业等为筹集资金向社会发行的债券，分散发行到投资者手中。

债券流通市场，又称二级市场，指已发行债券买卖转让的市场。债券一经认购，即确立了一定期限的债权债务关系，但通过债券流通市场，投资者可以转让债权，把债券变现。

债券发行市场和流通市场相辅相成，是互相依存的整体。发行市场是整个债券市场的源头，是债券流通市场的前提和基础。发达的流通市场是发行市场的重要支撑，流通市场的发达是发行市场扩大的必要条件。

根据市场组织形式，债券流通市场又可进一步分为场内交易市场和场外交易市场

证券交易所是专门进行证券买卖的场所，如我国的上海证券交易所和深圳证券交易所。在证券交易所内买卖债券所形成的市场，就是场内交易市场，这种市场组织形式是债券流通市场的较为规范的形式。交易所作为债券交易的组织者，本身不参加债券的买卖和价格的决定，只是为债券买卖双方创造条件，提供服务，并进行监管。

场外交易市场是在证券交易所以外进行证券交易的市场。柜台市场为场外交易市场的主体。许多证券经营机构都设有专门的证券柜台，通过柜台进行债券买卖。在柜台交易市场中，证券经营机构既是交易的组织者，又是交易的参与者。此外，场外交易市场还包括银行间交易市场，以及一些机构投资者通过电话、电脑等通信手段形成的市场等。目前，我国债券流通市场由三部分组成，即沪深证券交易所市场、银行间交易市场和证券经营机构柜台交易市场。

根据债券发行地点的不同，债券市场可以划分为国内债券市场和国际债券市场

国内债券市场的发行者和发行地点同属一个国家，而国际债券市场的发行者和发行地点不属于同一个国家。

四招鉴别假国库券

国库券是国家为了筹措财政资金，而向投资者出具的承诺在一定时期支付利息和到期还本的债务凭证。一些不法分子为了牟取暴利，他们掌握到人们对国库券不像对天天打交道的人民币一样有防假意识，利用快要到兑换期限为时机，无视国法，不择手段地大肆制造假国库券。为了维护国家债券信誉，使国家和广大人民群众最大限度少受损失，现将怎样识别假国库券知识介绍如下：

首先可采取一看、二摸、三听、四测的鉴别方式。一看，是指看国库券的颜色是否饱满，图案和水印是否清晰。二摸，是指摸国库券纸质是否挺括，券面表面是否有凸凹不平的感觉。三听，是指用手轻抖国库券，听声音是否清脆。四测，是指利用简单的防伪工具，查看国库券是否有防伪标记，防伪标记是否清晰。

以 1997 年 1 000 元券面假国库券为例，有以下破绽（特征）。

纸张

假国库券一般采用社会普通印刷纸，纸张松软，韧性差，用手抖动时声音发闷，大小与真券不同。在荧光照射下有不连续的荧光团。

水印

假国库券纸张中多数没有水印，有的伪造者用淡色油墨印刷到券面的正面或背面充光水印，这种假水印没有层次和立体感，不用迎光透视，平放时即可看出。

防伪纤维

假国库券中的纤维一般有两种：一是粘到表面，可从表面剥离；二是通过无色荧光油墨印刷到纸上或用彩色笔描到纸上，不能从纸中剥离。

印刷

假国库券正反面均为实线胶印，没有立体感。图案的颜色和真券相比有些发黄；背面“1997 国库券”字体模糊；正面的花团拱形图案中缺少红色线条。

无色荧光印记

“仟圆假券”中印有与真券相似的无色荧光印记，荧光强度比真券弱，且层次感不强。

防复印印记

假国库券用复印机复印后，会出现“GKQ”字样。

缩微文字

假国库券上缩微文字字迹不清。

隐形图案

即使最先进的复制技术也不能再现这种效果。

冠字号码

假国库券采用非证券专用号码，码子粗糙，大小不一，排列不整齐，左右距离不等。

债券投资也要掌握策略与技巧

债券投资的策略与技巧主要有以下几点。

利用时间差提高资金利用率

一般债券发行都有一个发行期，如半个月的时间。如在此段时期内都可买进时，则最好在最后一天购买；同样，在到期兑付时也有一个兑付期，则最好在兑付的第一天去兑现。这样，可减少资金占用的时间，相对提高债券投资的收益率。

利用市场差和地域差赚取差价

通过对比上海证券交易所和深圳证券交易所进行交易的同品种国债，我们发现它们之间是有价差的。利用两个市场之间的市场差，有可能赚取差价。同时，可利用各地区之间的地域差，进行贩买贩卖，也可能赚取差价。

卖旧换新技巧

在新国债发行时，提前卖出旧国债，再连本带利买入新国债，所得收益可能比旧国债到期才兑付的收益高。这种方式有个条件：必须比较卖出前后的利率高低，估算是否合算。

选择高收益债券

债券的收益是介于储蓄和股票、基金之间的一种投资工具，相对安全性比较高。所以，在债券投资的选择上，不妨大胆地选购一些收益较高的债券，如企业债券、可转让债券等。特别是风险承受力比较高的家庭，更不要只盯着国债。

如果在同期限情况下（如3年、5年），可选择储蓄或国债时，最好购买国债。

第9章 外汇理财：瞬息万变，钱生大钱

新手入汇市投资技巧

在任何投资市场上，基本的投资策略是一致的。对于复杂多变的外汇市场而言，掌握一般的投资策略是必须的，但在这个基础之上，投资者更要学习和掌握一定的实战技巧，因为一些经过大量实践检验的投资技巧不仅充满哲理含义，而且在实战中有很强的指导意义。这里总结了许多汇市高手归纳提倡的9条外汇买卖投资技巧，希望投资者能从中获益。

以“闲钱”投资

记住，用来投资的钱一定是“闲钱”，也就是近期内没有迫切、准确用途的资金。因为，如果投资者以家庭生活的必须费来投资，万一亏蚀，就会直接影响家庭生计。或者，用一笔不该用来投资的钱来投资时，心理上已处于下风，故此在决策时亦难以保持客观、冷静的态度，在投资市场里失败的机会就会增加。

小户切勿盲目投资

成功的投资者不会盲目跟从旁人的意见。当大家都处于同一投资位置，尤其是那些小投资者亦都纷纷跟进时，成功的投资者会感到危险而改变路线。

盲从是“小户”投资者的一个致命的心理弱点。经常是一个经济数据一发表，一则新闻突然闪出，5 分钟价位图一“突破”，“小户”们便争先恐后地跳入市场。不怕大家一起亏钱，只怕大家都赚。从某种意义上说，有时看错市场走势，或进单后形势突然逆转，导致单子被套住，这是正常的现象，即使是高手也不能幸免。然而，在如何决策和进行事后处理时，最愚蠢的行为却都是源于小户心理。

主意既定，勿轻率改变

如经充分考虑和分析，预先定下了当日入市的价位和计划，就不要因眼前价格涨落的影响而轻易改变决定，基于当日价位的变化以及市场消息而临时作出的决定，除非是投资圣手灵光一闪，一般而言都是十分危险的。

逆境时，离市休息

投资由于涉及个人利益的得失，因此，投资者精神长期处于极度紧张状态。如果盈利，还有一点满足感来慰藉；但如果身处逆境，亏损不断，甚至连连发生不必要的失误，这时要千万注意，不要头脑发胀失去清醒和冷静，此时，最佳的选择是抛开一切，离市休息。等休息结束时，暂时盈亏已成过去，发胀的头脑业已冷静，思想包袱也已卸下。相信投资的效率会得到提高。有句话，“不会休息的将军不是好将军”，不懂得休养生息，破敌拔城无从谈起。

忍耐也是投资

投资市场有一句格言说：“忍耐是一种投资。”但很少有投资者能够做到这一点，或真正理解它的含义。对于从事投资工作的人，必须培养自己良好的忍性和耐力。忍耐，往往是投资成功的一个“乘数”，关系到最终的结果是正是负。不少投资者，并不是他们的分析能力低，也不是他们缺乏投资经验，而仅是欠缺了一份忍耐力，从而导致过早买入或者卖出，招致不必要的损失。因此，每一名涉足汇市的投资者都应认识到，忍耐同样也是一份投资。

止蚀位置，操刀割肉

订立一个止蚀位置，也就是在这个点，已经到了你所能承受的最大的亏损位置，一旦市场逆转，汇价跌到止蚀点时，就要勇于操刀割肉。这是一项非常重要的投资技巧。由于外汇市场风险颇高，为了避免万一投资失误带来损失，每一次入市买卖时，我们都应该订下止蚀盘，即当汇率跌至某个预定的价位，还可能下跌时，立即交易结清。这样操作，发生的损失也只是有限制、在接受能力范围内的损失，而不至于损失进一步扩大，乃至血本无归。因为即便一时割肉，但投资本钱还在，留得青山在，就不怕没柴烧。

不可孤注一掷

从事外汇交易要量力而为，万不可孤注一掷，把一生的积蓄或全部家底如下大赌注一样全部投入。因为在这种情况下，一旦市势本身预测不准，就有发生大亏损甚至不能自拔的可能。这时比较明智的做法就是实行“金字塔加码”的办法，先进行一部分投资，如果市势明朗、于已有利，就再增加部分投资。此外，更要注意在市势逆境的时候，千万要预防孤注一掷的心态萌发。

小心大跌后的反弹与急升后的调整

在外汇市场上，价格的急升或急跌都不会像一条直线似的上升或像一条直线似的下跌，升得过急总会调整，跌得过猛也要反弹，调整或反弹的幅度比较复杂，并不容易掌握，因此在汇率急升二三百点或五六百点之后要格外小心，宁可靠边观望，也不宜贸然跟进。

学会风险控制

外汇市场是个风险很大的市场，它的风险主要在于决定外汇价格的变量太多。虽然现在关于外汇波动的理论、学说多种多样，但汇市的波动仍经常出乎投资者们的意外。对外汇市场投资者和操作者来说，有关风险概率方面的知识尤其要学一点。也就是说，在外汇投资中，有必要充分认识风险和效益、赢钱与输钱的概率及防范的几个大问题。如果对风险控制没有准确的认识，随意进行外汇买卖，输钱是必然的。

如何打理外汇资产

人民币和外币理财产品收益相差不大

很多人都认为，人民币升值了，美元贬值了，是不是就意味着现在应该去购买一些人民币理财产品？实际上刨去汇率波动的因素，二者产品的投资

回报率相差并不多。

专业炒汇收益大

目前外汇资产有四个投资渠道可供选择：银行的定期存款；购买外汇理财产品；投资B股市场，或是做个人外汇买卖。

炒汇可以规避一定的个人风险，带来不错的收益。市民手中的美元资产通过存款来获益并不理想，而炒汇是一个不错的保值渠道，因为人民币升值是相对于美元的，市民可以通过把美元兑换成欧元、日元等避免汇率风险。

炒汇收益虽然比较好，但炒汇需要相应的专业知识和一定的时间投入，比较适合资金规模较大、有一定抗风险能力的投资者。

理财产品不应只看收益率

每年各大银行都会陆续推出了很多理财产品。而对种类繁杂的理财产品，没有一定的金融知识，市民还真难选择。理财产品虽多，但并非适合每一个消费者，每款产品都针对不同的客户群。因此，挑选理财产品要把握好是保本型的还是非保本型的。

目前很多市民到银行买理财产品，大多只是关注理财期限和预期收益率，哪家银行产品收益率高，就去买哪家的理财产品。这一点，在中小投资者群里表现得特别明显。其实，银行推出的理财产品都有比较详细的说明书，购买者可以通过银行网站、电话银行或直接到银行网点了解，最好向专业的金融理财师详细咨询，他们对理财产品都比较熟悉，同时还能给客户提供专业的理财建议。

如何防止手中外汇资产缩水

时下拥有外汇的市民越来越多，但国内外汇的投资渠道屈指可数，仅限于B股、“外汇宝”和外币储蓄三种投资品种。就算是风险最小的银行外汇储蓄存款，也可能会由于汇率的波动而导致外汇资产的缩水。因此，如何合理地调整外汇存款结构，对于降低投资风险，是非常重要的。

首先，在存款的时候，要考虑利率这一最直观地反映投资收益的因素。

一般来说，利率也有一个周期性的波动，交通银行理财师建议储户在利率水平高的情况下，存款的期限尽量放长；在利率水平低的情况下，存款期限尽量以短期为主。如果外汇处于低利率水平，储户应该以1个月或者3个月的存款期限为主，不超过6个月。

其次，不同的币种之间，由于存在汇率波动的因素，在选择存款币种的时候，要充分考虑到汇率的情况。就以美元兑日元为例，如汇率在105至135的区间内波动，那么若汇率接近下轨，则长期选择日元存款风险相对比较大，在这种情况下，可以适当减少日元比重，增加美元比重，以降低存款的汇率风险。

另外，在利率水平较低的情况下，选择具有一定风险的“外汇宝”投资也不失为一种适当提高投资收益的好办法。虽然“外汇宝”风险比较大，但是可以通过优化币种结构和存款期限来适当降低风险。如果人民币的利率很低而英镑和澳元的利率比较高，一年期利率均为2.562 5%，半年期的利率也达到了2.187 5%和2.312 5%。那么，可以将30%至50%的存款选择这两种高利率货币，存款期限以半年或1年为主。由于在“外汇宝”中，最主要的交易汇率是美元兑日元和欧元兑美元，因此余下的存款可以在欧元、日元和美元中选择，结合汇率的走势来选择存款币种，存款期限尽量以1个月为主，欧元由于利率稍高，可以选择3个月。

初学“外汇宝”须掌握三要点

越来越多的投资者试图通过“外汇宝”的操作来为自己的外汇增值，如何做“外汇宝”呢？这里有三个基本的要点，是初学者必须掌握的。

经济指标

外汇市场分析人士通过对各国经济情况以及经济政策分析和预期，确定合理的汇率水平，并判断当前的汇价是低估还是高估，据此对汇率水平的中长期变化趋势作出预测。

西方主要发达国家几乎每天都会公布新的经济数据，这些经济数据是反

映各国经济状况的晴雨表，受到市场的普遍关注。其中美国公布的经济数据尤为详尽，通常有准确的时间预告。在数据公布之前，经济分析专家往往已经对数据作出预测。

一项重要经济数据的公布结果可能会使外汇市场出现较大的波动，特别是当数据结果与市场预期差异较大的时候，市场往往会迅速作出反应，令汇价大幅度震荡。

因此，与经济分析专家相比，交易员往往更关心每天公布的经济数据，把握入市时机，决定操作的策略。

突发事件

投资者要从容搏击汇市，不仅要了解各国的经济面情况，还要关注一些突发事件。通常汇率对于突发因素反应敏感，大到武装冲突、军事政变，小到政坛丑闻、官员言论，都会在汇率走势上留下痕迹。

比如，市场经常围绕中东局势的变化产生波动，中东冲突紧张的时候，资金流向欧洲货币避险，美元汇率就下跌，局势缓和的时候，避险货币下跌，投资者重新买回美元。

例如 1991 年苏联的“八·一九事件”。德国与苏联地区在政治、经济以及地理位置上有着密切的联系，在事件发生之后的短短几天内，美元兑马克汇率上下震荡了 1 000 点。投资者纷纷把资金转向美元，把美元看作避险货币。大量的美元买盘使美元兑马克以及其他货币的汇率骤然上升。

这给“外汇宝”投资者的操作带来难度。在这种情况下，投资者不妨坚持两条原则：一是“宁可信其有，不可信其无”；二是“顺势而为”。

央行干预

随着外汇市场上投机力量日益壮大，由各种投资基金、金融机构组成的投机力量经常使汇率走势大幅升降，给有关国家的经济带来冲击。

在这种情况下，政府会通过中央银行出面，直接对外汇市场的汇率走势进行必要的干预。

据统计，目前外汇市场的日交易量已经达到了 1.2 万亿美元，相当于全球所有国家外汇储备的总和。一家中央银行即使倾其所有外汇储备来干预市场，也不过是杯水车薪。1992 年，英国中央银行英格兰银行为维持英镑汇率而干预市场，竟然不敌索罗斯的量子基金，损失达十多亿美元。因此，在某些情况下，几家中央银行会采取联合行动，以壮声势。从 1994 年至 1995 年，美、德、日等国的中央银行多次联手干预市场，动用数十亿美元资金试图拉抬美元汇价，其中规模大的一次干预行动由 17 国中央银行参加。

令人印象深刻的一次是日本为了推动日元贬值，连续 9 次干预市场，共动用250亿美元的资金买入美元，将美元兑日元汇率由116附近推到120上方。之后，美元兑日元一路走高。

“期权宝”与“外汇宝”的区别

简单来说，“期权宝”就是个人客户基于自己对外汇汇率走势的判断，选择看涨或看跌货币，并根据中行的期权费报价支付一笔期权费，同时提供和期权面值金额相应的外币存款单作为担保；到期时，如果汇率走势同客户预期相符，就能获得投资收益。

“期权宝”和“外汇宝”，两者的共同点是同样适合在国际汇市出现大幅波动时进行投资。区别在于：

（1）投资“期权宝”时，客户作为期权的买入方，享有到期时是否执行外汇买卖交易的决定权，如果汇率走势一如客户预期，客户即可执行交易，获取投资收益；如果汇率走势与客户预期相反，客户则可选择放弃执行外汇交易，损失的也仅是在客户承受范围之内的期权费。从理论上来说，客户在承担了有限的资金风险之后，将得到获取极大盈利空间的机会。

（2）操作“外汇宝”的客户经常会遇到这样的尴尬情况：手中持有的货币一路上扬，却无法分享到该货币升值带来的收益：抛得早了怕踏空，抛得晚了怕回调。“期权宝”就完全解决了这个问题，无论客户的存款货币为何种货币（须为中行提供“期权宝”交易的货币），都能任意选择看涨货币和看跌货币，充分享受自由选择、轻松获利的权力。

（3）中行的“期权宝”还有一个创新功能，即提供中途平盘交易：如果汇率波动一如客户预期，客户完全可以选择中途反向平盘、锁定期权费

收益，而不必等到期权到期，以免错过稍纵即逝的机会。即使市况发生逆转，客户也完全可以通过平盘交易减少损失，交易的主动权完全由客户自由掌控。

（4）客户进行“期权宝”交易所提供的存款担保，在交易期间还可同时进行“外汇宝”交易。

擅用理财产品巧避人民币升值损失

人民币升值，市场中不少研究机构都将调高人民币的累计升幅预期，普通人手头所持有的外币可能就面临着被动缩水的危险。其实市面上有不少理财产品和外汇币种可以将这种损失降到最低。

巧用产品避损失

为了帮助投资人规避人民币升值所带来的外汇贬值风险，理财市场中有“人民币升值保护机制”的银行理财产品。

以东亚银行曾经发售的“基汇宝”产品为例，这是一款代客境外理财计划产品，也就是我们通常所说的 QDII，在产品存续期内，东亚银行将每半年的人民币兑美元汇率升幅作为投资收益，即时派发给投资者，以补偿因人民币升值而可能蒙受的损失。每半年汇率升值补偿的上限设在 4%，以单利计算，5 年存续期内最高可派发 40% 的投资收益。

除了东亚银行外，各家商业银行也都使出浑身解数，在外汇理财产品设计中以各种方式帮助投资者获取更高收益。

关注非美币种

除了通过购买外币理财产品让外汇资产保值增值，进行非美元外汇交易亦是一个不错的选择，个人持有这些货币不但难有损失，反而可能会通过准确把握汇市动向而获得超额收益。

外汇卡境外消费，人民币国内还款

中国银行、招商银行、工商银行等多家银行适时推出了外币卡境外消费、人民币还款的新服务，对于大多数没有外汇收入的人而言，无疑是一个“利好”消息。但是，却有一些市民反映外币卡在境外消费的金额无法用人民币买汇还款，理财专家解释使用外币卡还有不少的“门道”。

购汇还款的交易

国际卡境外消费、人民币还款针对的仅是境外消费的账户透支款，使用国际卡进行资本项下的投资、贸易支付以及一些国家法律禁止的交易，是不能用人民币购汇偿还的。有人在银行申领长城国际卡时喜欢存入大量的外币现金，境外消费支付的也是外币存款，而不是账户透支，因此无法购汇还款。

目前银行发行的国际卡多是贷记卡性质的信用卡，在国际卡内存款不计息，取款则要收取较高的手续费，但是透支有较长的免息期，如中国银行长城国际卡的免息期最长有50天。因此从理财角度看，在境外游消费时先透支、回国再还款，比较经济合算，同时也可以享受人民币购汇的政策。但在一些境外游中有参观赌场的项目，游客在赌场中的消费就是国家法律禁止交易的一种，银行可以凭借刷卡时的交易代码识别出交易的种类，将此类交易排除在购汇还款之外。此外用国际卡在境内提款或消费，无论是否透支，都不能购汇还款。

购汇还款的透支

境内金融机构发行的个人国际卡在境内、境外都可以透支提取外币现金。但根据国家外汇管理局的规定，为防止持卡人提现用于非法目的，因此规定了当日内累计提现金额不得超过1 000美元或等值外币，当月累计提现金额不得超过5 000美元或等值外币。当然，提现还要交纳一笔高昂的手续费（一般是3%～4%）。

因此，中国银行理财专家建议尽量使用国际卡直接消费刷卡，不要提取现金。如果在出国留学或旅行中必须用到较大金额的外币现金的话，建议到中行购买旅行支票。旅行支票在兑现时，仅需支付（以国内为例）0.75%的手续费；在美国这项甚至是免费的，但是旅行支票也有相应的购买上限。

购汇还款的手续

长城国际卡的购汇还款手续也很简便，只要凭银行每月寄达的对账单到上海中行的淮海、市中支行或外滩营业部办理即可。还款参照中央银行当天公布的人民币兑换美元牌价，无须额外缴付手续费。中国银行上海分行的所有营业网点都可以办理该项业务。如果账单不小心遗失，在中国银行的外滩营业部可以补领账单。

如果持卡人在国外，本人无法办理还款手续，也可以由他人代办，同样只需凭对账单到上述三个指定网点办理即可。

出国留学买份外汇保单

我国的第一份外汇保险是由中保康联人寿保险公司推出的。

据悉，留学生外汇保险的最大特点是外汇投保，外汇理赔，国内购买，全球理赔。即发生保险事故后，客户可以得到保险公司直接支付的外汇理赔金，对于身处国外的人来说，一份外汇保障更让人安心。中保康联借助股东一方——澳大利亚联邦银行的海外优势，并联手网络遍布世界各地的优普环球援助公司，使海外援助和外汇理赔搭上了快捷直通车。

为方便留学人员购买保险，中国银行上海分行开通了外滩营业部等三个主要换汇网点，让留学生在办理因私换汇时，快捷办理投保手续。一位赴英国留学的沈小姐，购买了10份留学生外汇保险，获得10万美元保障，成为第一个购买外汇保单的客户。

投保举例：小张出国留学前，投保了5份中保康联留学生外汇保险计划，交保费115美元。当保单生效后，他在国内或国外享有如下保障：若发生意外伤害身故，可以得到5万美元的普通身故保险金，若因为乘坐公共汽车等水陆交通工具，发生意外身故，可以获得10万美元的身故保险金，若乘坐飞机发生意外身故，可以得到15万美元的身故赔偿金；若发生残疾，可按伤残程度比例获得残疾保险金。

出境用汇是购汇还是用卡

出境旅游，在信用卡和购汇之间，哪一种方式更适合现代人的需求呢？

刚刚从欧洲度完蜜月回来的张先生用不容置疑的口气说，当然是办信用卡方便，在国外使用现金既不方便又浪费，而信用卡在大大小小的商店都能使用，最低消费只要到达 2.5 欧元就能刷卡。张先生在去欧洲之前给自己办了一张招商银行的信用卡，给妻子办理了一张副卡，根据他的信用状况，获得透支额度 15 000 元，让他特别满意的是，在招行办理信用卡是免保证金的。同时他还随身携带了 1 500 欧元和 700 美元，以备不时之需。

张先生介绍说，在国际卡内存款不计息，取款要收取较高的手续费，但是透支有较长的免息期（通常为 50 天）。因此从理财角度看，在境外游消费时先透支、回国再用人民币还款，比较经济合算。

在国外，张先生很快花完了信用卡的透支额度，开始使用随身携带的美元和欧元。这时候，张先生感到了不方便。因为行程仓促，张先生来不及去银行把美元换成欧元，所以就在商场附近的兑换点折换，没想到，兑换的手续费高达 16%。最后，张先生算了一笔账。700 美元换成欧元的过程中，竟然损失了将近 100 美元。

张先生的体会是，如果愿意承担一定的年费，出国尽量用可以“花外币还人民币”的信用卡。为了申请到更高的信用额度，他建议在出国前提早 3 个月去办理信用卡，以便可以提升信用额度，从而减少购汇的支出。当然，在信用额度不够使用的情况下，我们还是要依靠购汇。

第 10 章 黄金理财：金山淘金，日进斗金

新手如何炒黄金

投资黄金渠道的开通，使黄金投资迅速成为股票、债券、基金之后我国金融市场上又一种投资工具。但是专家指出，投资黄金不能盲目跟风，还需要理性对待。

银行界专家指出，如果投资者希望给自己的资产增加一定的安全性，可以选择黄金长期投资；如果是为了获取一定利润，并使自己的投资多元化，可以定位于黄金市场的中期投资。任何金融投资市场都存在巨大的风险，黄金市场也不例外。

金市的疯狂增长，让不少从未涉足该领域的市民都蠢蠢欲动。那么，炒金有何小窍门？新手该如何入门？

关心时政

国际金价与国际时政密切相关，比如美伊危机、朝鲜核问题、恐怖主义等造成的恐慌、国际原油价格的涨跌、各国中央银行黄金储备政策的变动等都会对国际金价产生影响。因此，新手炒金一定要多了解一些影响金价的政治因素、经济因素、市场因素等，进而才能相对准确地分析金价走势，顺应大势，从而把握盈利的时机。

止损止盈

股市有风险，炒金也一样，因此每次交易前都必须设定好“止损点”和“止盈点”，当你频频获利时，千万不要大意，面对市场突如其来的反转走势，宁可平仓没有获利，也不要让原已获利的仓位变成亏损。

不要让风险超过原已设定的可容忍范围，一旦损失已至原设定的限度，不要犹豫，该平仓就平仓，该“割肉”就“割肉”，一定要控制住风险。

选购黄金藏品

黄金原料价格时常波动，黄金藏品的投资价值不断攀升，因为黄金藏品不仅具有黄金的本身价值，而且具有文化价值、纪念价值和收藏价值，对新手而言，黄金藏品的投资比较稳当。

炒黄金要选准时机

每年的8月中旬至11月，黄金市场最大的消费国——印度，有多个宗教节日，刺激市场对金饰的需求。

此外，第四季度适逢西方的感恩节、圣诞节和传统黄金需求的旺季，因此，同年年底之前，金价一定会有上涨的空间。由于时差关系，中国的晚上，是伦敦、纽约时段的白天，是黄金走势波动较大的时候，因此，晚上看行情可较好地抓住时机，一般是从北京时间下午四五点开始到晚上十二点左右。黄金投资者可以在下跌过程中逐步建仓（指在上升的大行情中），根据个人情况先投入少量资金，在黄金走势回调时再介入成本低、易变现的黄金品种。

全仓进入风险往往很大，市场是变幻莫测的，即使有再准确的判断力也容易出错。新手炒金由于缺乏经验，切忌将资金全部投入，应该分批、分期投入，可以把资金分成几等份，当首份投入获利后再投入其他份额。此外，还要在交易中保留足够的保证金，这样做可以避免一旦投资方向出错，因为追加保证金而被迫平仓。

如果是炒“纸黄金”的话，建议采取短期小额交易的方式分批介入，每

次卖出买进 10 克，只要有一点利差就出手，这种方法虽然有些保守，却很适合新手操作。另外，正确分配资金也十分重要。

黄金投资忌快进快出

黄金被比喻为家庭理财的“稳压器”。黄金与其他信用投资产品不同，它的价值是天然的，而股票、期货、债券等信用投资产品的价值则是由信用赋予的，具有贬值甚至灭失的风险。在通货膨胀和灾难面前，黄金就成为一种重要的避险工具。黄金价格通常与多数投资品种呈反向运行，在资产组合中加入适当比例的黄金，可以最大限度地分散风险，有效抵御资产大幅缩水，甚至可令资产增值。

不过，风险小同时意味着收益率相对也小，但即使回购价格仅仅比买入价每克高 1 元人民币，仍然比将钱存在银行里要划算。据测算，如果每克价差在 5 至 7 元人民币，那么投资收益就可达到 3%～4%。

100 年前，1 盎司黄金在伦敦可以定做一套上等西装；100 年后，在伦敦，1 盎司黄金仍然能够定做一套上等西装。据悉，在发达国家理财专家推荐的投资组合中，黄金占家庭理财产品的比重通常在 5%～15%。这充分说明了黄金的保值作用。

此外，投资者所居住的国家政治、经济、社会安全性高低不同，也是投资黄金比例高低的主要参照系数。在我国，对于普通家庭而言，通常情况下黄金占整个家庭资产的比例最好不要超过 20%。只有在黄金预期会大涨的前提下，才可以适当提高这个比例。

民间向来有“闲钱买黄金”的说法。因为影响黄金价格走势的因素很多，如国际政治、经济、国际汇市、欧美主要国家的利率和货币政策、各国中央银行对黄金储备的增减、黄金开采成本的升降等，个人炒金者对黄金价格的短期走势是较难判断的。如果以股市里短线投机的心态和手法来炒作黄金，很可能难如人愿。

因此，投资黄金最好是考虑中长期投资，只要知道当前黄金正处于一个大的上升周期中，即使在相对高位买进，甚至被套，也不是什么严重的问题。不过，多数专家认为，介入黄金市场的时机要把握好，最好选择一个相对低点介入。

黄金投资忌频繁短线操作

作为非专业的普通投资者，想要通过快进快出的方法来炒金获利，可能会以失望告终。缺乏经验的投资者，在开盘买入或卖出某种货之后，一见有盈利，就立刻想到平盘收钱。

获利平仓做起来似乎很容易，但是捕捉获利的时机却是一门学问。有经验的投资者，会根据自己对价格走势的判断，确定平仓的时间。如果认为市场形势会进一步朝着对他有利的方向发展，他会耐着性子，明知有利而不赚，任由价格发展，从而使利润延续。

因此，作为炒黄金的新手，最好考虑中长期投资。

家庭黄金理财不宜投资首饰

对于普通投资者来说，目前国内黄金投资在品种上可分为两大类：一类是实物黄金的买卖，包括金条、金币、黄金饰品等；另一类就是所谓的纸黄金，又称为“记账黄金”。

黄金投资专家表示，实金投资适合长线投资者，投资者必须具备战略性眼光，不管其价格如何变化，不急于变现，不急于盈利，而是长期持有，主要是作为保值和应急之用。对于进取型的投资者，特别是有外汇投资经验的人来说，选择纸黄金投资，则可以利用震荡行情进行“高抛低吸”。

对于家庭理财，黄金首饰的投资意义不大。因为黄金饰品都是经过加工的，商家一般在饰品的款式、工艺上已花费了成本，增加了附加值，所以变现损耗较大，保值功能相对减少，尤其不适宜作为家庭理财的主要投资产品。

炒金又炒汇

“十一”黄金周，出游、购物已经早早排在许多人的日程表里，但一些投资狂人显然不能满足于仅仅只是消费支出。尽管长假期间股市休市，投资狂人们还是能找到适合自己的度假方式。

由于外汇市场和黄金市场与国际保持同步，炒金炒汇的投资者仍然像平时一样忙得不亦乐乎。

在我国，各家银行基本都已推出“外汇宝”交易，例如建设银行推出了个人远期外汇保证金交易，招商银行推出了个人外汇期权产品等。当然，外汇市场波动较大，这类品种适合风险承受能力较大、对市场较了解的投资者。如风险承受能力较低，可关注各银行黄金周推出的固定收益理财产品。如中国银行的“春夏秋冬”外汇理财、交通银行的“得利宝”产品等。

至于一直非常火爆的“炒金”，依然是长假期间不错的选择。风险承受能力较低的投资者可以选择银行推出的“纸黄金”业务。目前已经开办黄金业务的银行在报价上一般采用两种方式：按国内金价报价和按国际金价报价。在国庆期间，采取国际金价报价方式的银行将依然正常交易。投资者可用存在账户上的人民币或美元投资买卖国际金融市场上的黄金，报价均参考国际金融市场黄金报价，通过即时汇率折算成人民币报价。

此外，通过黄金投资公司进行实物黄金的延迟交收交易也是不错的选择。这种炒金交易在国庆期间和国际市场完全保持同步，投资者可以通过网络交易平台进行实时交易。

无论是银行的“纸黄金”业务，还是投资公司的实物金延迟交收业务，都要收取一定的手续费或买卖点差，投资者应计算好投资成本，切忌盲目跟随市场波动频繁进出，否则不仅仅要承担市场风险，光是来回交易的手续费就是一笔不小的开支。

第 11 章 收藏理财：爱好在左，赚钱在右

如何靠收藏获利

收藏可以获利，这已是收藏界公开的秘密，但具体到某一位藏友，且一年能获利多少，决定因素有两个：一个是能否找到货源，另一个是能否找到合适的买主。

对于摆地摊的藏友，只要手里有好货，哪怕你所处的位置差点，也能将货物卖掉；如果手中没有好的收藏品，你就是在市场上占了个好位置，也是枉然。寻找好的货源，不管用什么方法，只要把货源搞到，钱就等于赚了一半。

有了货源，怎样找合适的买主，这是赚钱多少的关键。因为同一件收藏品，卖给张三可能只卖到 500 元，卖给李四可能就是 1 000 元，而卖给王五可能就是 2 000 元或更多。找买主分为三种，一是主动找买主，根据收藏报刊上的地址与买主取得联系；二是被动找买主，如在收藏报刊上打广告，注明姓名、地址和电话，写明有何收藏品，让需要的买主与你联系；三是从收藏市场上留心别人买什么东西，然后如果自己有此种收藏品就介绍给他，并记下他的联系方式，有货后直接与其联系。有买主的好处是，有货能及时出手，还能卖个好价钱，收藏品快速循环，资金灵活周转，就实现了良性循环。

一种藏品找到了买家，他还会让你找其他的藏品，还会告诉你他用多少钱去买。如果你不懂，碰到类似的收藏品，你介绍给他，不用你下本，就能赚一笔不菲的中介费。收藏这池深水是能养得起大鱼的。只要你有能力，能找到货源，能找到合适的买主，你就能发大财，获暴利，这点毫不夸张。有的买主还会教给你一些鉴定方法，与此同时你又可以免费学到很多宝贵的经验。何乐而不为呢？

所以说，搞收藏要动脑筋，寻找货源是基础，找好买主是关键，只有这样，才能靠收藏发大财、获大利。

藏品并非越老越值钱

很多收藏爱好者认为，年代越久的收藏品就越值钱。这其实是个误解。藏品的收藏价值主要体现在历史文化价值、稀罕程度和工艺水平上。一些高古陶器，尽管有数千年的历史，但因其存世量大、制作粗劣，其价值远远低于后世的一些精稀藏品。汉代、唐代一些存世量很大的铜钱，今天在市面上不过几毛钱一枚。而一些现代工艺的翡翠器物，却能卖到数十万元。

收藏界有这样一个说法，当时就很值钱的东西，现在仍会很值钱；当时不值钱的东西，现在还是不值钱。

明清时期，皇帝集中了全国最优秀的制瓷人才到景德镇，专为皇家烧制瓷器。这一时期的官窑瓷器不计成本，极为精良，在当时就身价不菲。在近年的一些拍卖会上，明清官窑瓷器的精品动辄拍出数千万元的惊人价位。而一些民用陶器、瓷器，因做工较为粗糙、没有什么工艺价值，当时也只卖几文钱一个，直至数百年后的今天，其收藏价值仍然不高，只要三五十元一件。

收藏品的价格弹性很大，即使是同一件收藏品，其价格也会因人、因地、因时而异。有的藏品可能收藏价值并不高，但有人为了寄托某种特别的感情，有人为了配齐系列藏品中的缺品，却视其为珍宝，不惜以大价钱购得。

由于各地的收藏氛围、购买能力不尽相同，一件藏品在不同场合的“身价”可能会有很大悬殊。“地区差”因此便成为精明商人的生财之道。例如：

某国画大师的一件作品，多年前在一般小城市的拍卖会上成交价仅 1 万元，在大城市则拍出了 6 万元，再拿到北京，成交价变成了几十万元。

收藏是件很奇妙的事，既被人称为花钱的“无底洞”，有多少钱都能投进去；但同时也有人说，钱少照样能搞收藏。其中诀窍就在于要学会以藏养藏，即以有限的资金投资于有升值潜力的藏品，在适当的时候兑现收益，再进行下一次投资。

日积月累，收藏的资金投入才会逐步减少，但藏品却会逐步增多。

古玩收藏攻略

古玩收藏对于收藏者有较高的要求，收藏者首先要做好以下几方面工作。

收藏古玩“五有”

有识——刚入门的收藏者要多听行家的评价，多研究相关资讯，对古玩的年代、材质、工艺、流派、真假进行深入细致地了解、鉴赏和识别。

有闲——收藏古玩是靠日积月累、积少成多，最终形成个人的藏品风格，因此收藏者必须要有充足的时间，并学会合理安排时间。

有胆——俗话说，“古玩无价”，保值增值的古玩大多都是珍品，价位偏高。这就要求购藏者有超前意识，有足够的胆量。若遇珍宝，一定要有魄力。

有缘——一件让人爱不释手的古玩珍品，往往可遇不可求。这就要求购藏者必须善于把握时机，多与古玩市场的摊主交朋友，及时了解市场行情。

有钱——工薪阶层的收藏爱好者大多资金有限，不妨每月固定拨出一笔经费，日积月累，不断提高收藏的档次和成功率，并采取以收藏养收藏的方式，随时纳精汰次，变没钱为“有钱”。

收藏古玩定位和心态最重要

收藏爱好者应该对自己的收藏有一个定位，收藏自己喜欢的，价位能够承受的。而且在收藏初期要多去各个博物馆学习，有一个逐步学习、提高的过程，慢慢进入实战阶段。不要抱着投机的心理听别人说，要有自己的鉴赏力。

目前市面上的假古玩比较多，应该把收藏当成一件提高自己文化修养、增长知识的事情，要选择自己能够承受的价位。不能因为自己买到真的就过度兴奋，买到假的就过度伤心，把身体都搞垮了。

收藏古玩要系列化、专业化

钱少有钱少的玩法，钱多有钱多的玩法；收藏不只限于古玩，“今玩”同样可纳入收藏视野，关键在于“用心”。如“文革”瓷、酒瓶、钥匙扣、烟灰缸、糖纸……只要走系列化道路，便大有文章可做。某古玩城曾展出一位玩家的藏品，他没有雄厚的资金，专门收藏各式各样的绣花针，从古到今，已成系列。即使有一定经济实力的玩家，也不要见什么买什么。可以投资一些大件，但无论字画、铜器、瓷器等，都得钻研透，努力向专业化方向发展。

品牌货成为新潮收藏概念

现在的消费者已越来越注重品牌效应，品牌经济已为市场带来了巨大的收益。品牌收藏，对大多数人来说还是一个全新的概念。

“古董”可乐标价 5 000 美元

美国佐治亚州药剂师彭伯顿在自家后院里用断了一半的船桨和一个大铜锅创制可乐时，恐怕怎么也想不到，会在全球掀起一股收藏可乐瓶的风潮。在众多可乐收藏迷眼里，可口可乐永恒的红白标志和无数设计独特的产品，已成为经典摆设和藏品。在台湾地区台中的一家可乐收藏店里，一个纪念英国查尔斯王子与戴安娜王妃结婚的可乐瓶，叫价达18万新台币（约5 000美元）。

据了解，目前国外的品牌收藏已是很平常的事，大到汽车，小到纽扣，远至葡萄酒收藏，近至现代软件光碟，许多品牌都有一群忠实的收藏爱好者。而且，许多网站都专门设有一个进行品牌收藏的网页，网友不计其数。

收藏可带动品牌发展

目前我国的收藏门类有很多，譬如字画、奇石、玉器、古旧家具等，并且随着收藏活动的迅速发展，近几年又涌现出大量的专题收藏，如“文革”文物收藏、雷锋专题收藏等，但专门对一个品牌的产品进行收藏的还不多见。

例如，在上海的几家大商场里，陈列着风靡全世界的芭比娃娃。在美国，几乎每个女孩都藏有数款，但国内来买芭比的人大多是小孩，他们只是将其当作普通的洋娃娃，并不用来收藏。

其实，每一个知名品牌都蕴含着丰富的文化，是一种品牌文化。我国的品牌收藏才刚刚起步，国人的品牌意识还停留在注重产品质量的层次上，一个品牌的喜好，仅局限于这个东西的使用价值。其实，一个品牌包含的内容极为丰富，就像都彭打火机，质量只是其中的一部分，它的品牌中还包含了文化价值。这是一个收藏观念的问题。

大众参与意识逐渐形成

尽管多数人对品牌收藏的概念还很模糊，但只要稍微留意一下周边，就会发现这方面的“苗头”还真不少，而且有些人已参与其中，只是没有意识到。

如色彩丰富、充满时尚气息的斯沃琪手表，每年都会推出数款限量发行的珍藏版，刚一推出便告售罄；快餐业的两大巨头肯德基和麦当劳，每隔一段时间就会推出一批同一品种多种款式的促销玩偶，像Hello Kitty、史努比等，不仅受到孩子们的喜爱，还成了众多年轻人追捧的藏品。就连世界名牌化妆品Christian Dior，也挤上了品牌收藏的“地铁”。

艺术品收藏，眼光造就机会

有人做过比较，在世界范围内，从艺术品和股票不同持有期的年复合回报率分析，过去25年，股票超过艺术品。在中国，虽然股市暴涨，但没有解套的老股民依然不少。与股市不同的是，艺术品收藏行市却一直稳步升温。

艺术品市场的高收益率吸引了越来越多的人介入其中。据了解，现在的艺术品市场，纯粹的收藏者越来越少，更多的人是为了经济利益进行投资。目前中国有各种收藏社团300多个，从事艺术品收藏和投资的人数多达3 000万，这些人的收藏能力和投资数额不一。

杭州某报社曾组织了一次为读者鉴宝的“寻找浙江民间宝物”活动，每

天数百名持宝人排着长长的队伍，携着大包小包、大盒小盒，等待8位专家现场鉴宝。两天鉴宝结束后，专家得出结论：赝品、仿品居多，真货、精品极少。为此，几位专家对收藏爱好者提出了忠告：收藏有很多陷阱，不要盲目购买。收藏应是乐趣和爱好，别把它当成投资；不要梦想着天上掉馅饼，不要想着50元买的东西过几天能卖50万元。

建议收藏爱好者应"五多"：多看书，多去博物馆，多逛市场，多看拍卖会，多上手。

俗话说，乱世藏金银，盛世兴收藏。但有专家告诫，现在有些门类的艺术品价格已被市场炒高，有的动辄数百万元乃至上千万元。从投资回报的角度而言，投资风险正在聚集，未来价格的上升空间有限，因此，趋冷避热已是投资者需要认真考虑的问题。

艺术品小拍收益多

如今，许多大中城市都开设了小拍，上海有数十家拍卖行加入了小拍阵容，几乎每个月都有公司举槌开拍。

小拍不小

艺术品市场价位太高，脱离老百姓实际承受能力，会阻滞艺术品收藏群体的发展。低价起拍就是针对画廊等中介机构虚开高价的现象而采取的一种培育艺术市场的举措。当然，一些真正的好作品并不会受到太大的影响，尽管起拍价低，但最后的成交价还是比较高的。对于老百姓最关心的质量问题，拍品最重要的是有质量保证。

小拍较小，但不见得就没有好货，它推出的品种同样齐全，书画、瓷器、书刊、邮品、钱币……各类收藏品可谓无所不包。尽管拍品质量参差不齐，其中不乏具有诱惑力的上品，如瓷器中可见古代皇家官窑小品，书画也有各种流派，不少为名家之作。这能使收藏者花费较少的资金，得到与大拍同等声誉的艺术作品。

对普通收入者而言，价格便宜是小拍最突出的优点。由于实力雄厚的大买家将注意力集中在“尖儿”上，很多价位偏低或尚未被炒热的拍品反被忽视，中小买家从中亦可得到有升值潜力的佳品，回家偷着乐。

差价获利

与许多交易市场一样，在拍卖中，买方与卖方的角色也可随时互换或同时“兼职”。当你处在买与卖双重身份的时候，你会体验到“买的没有卖的精”此话之精辟，并可以充分利用拍卖差价这一方式买进卖出，得到意想不到的收获。

一般来讲，拍卖公司常年接收拍品委托，小拍接收的标准是价值在100元以上的物品，只需双方商定底价并签一个委托拍卖协议即可。拍卖公司收取的佣金一般是成交价的10%左右，另加1%的保险金，即一件以500元成交的物品，扣去佣金和保险金，委托人可拿到445元。而对小拍中未拍出的物品，拍卖公司一般不收取任何费用。

竞拍时需掌握策略

近年来，由于诸多媒体纷纷报道投资字画的保值增值潜力远远超过其他投资，从而掀起了一股抢购热潮，许多人更是将原先委托金融机构投资的资金转移过来，欲寻求更大的收益。

但可供挑选的余地多了，难免会鱼目混珠，对众多买家来说，还得多长一个心眼。在入市时，尤其在参加这些低价拍卖时，应选择一些名气响、品牌好、口碑佳的大型拍卖公司。此外，还应懂得一些选择策略。据一位拍卖行的鉴定师介绍，近年来，中青年画家的作品受到藏家的追捧，尤其是低价位的中青年作品更是走俏市场。一些字画爱好者比较注重他们的绘画风格，购进后便于自己临摹研究和学习。还有一些投资者购进后，目的非常明确，就是等待时机出手获利。

古董家具寂静中酝酿行情

古董是指古人所留下来的珍奇物品。以前古董的“古”字，是用骨头的“骨”字，现在用古今的“古”，是因为音同而得以应用。后来我们所称的“古

玩”这两个字，是从清代才开始流传下来的，那是因为古董可以作为一种玩物，所以才有这样的说法。

现在所说的古董家具，一般是指我国明代至民国时期生产制作的家具，其精华部分在明、清两代，尤其以明代家具更为出类拔萃。1996年，纽约举办的一场中国明清家具拍卖会，创下了百分之百的成交记录，轰动世界收藏界。但是，能纳入古玩市场的古董家具，应主要指那些珍贵硬质木材的家具，例如黄花梨、紫檀、铁力木、红木等。

另外，制作于明代至清代的一些高品位及书卷气较浓的白木家具，也是行情看好的古董家具，例如楠木、柞针木、核桃木、梓木等。此外，制作精美、保存完好的漆器家具，也具有较高的市场价值。

明清家具在内地真正形成收藏热潮，是中国改革开放后的20世纪80年代初。1985年，我国著名古器物专家王世襄先生编撰了《明式家具珍赏》一书，并由香港三联书店正式出版，这是我国第一部系统介绍中国古典家具的大型图书，正是这部巨著的问世，让世界全面认识了中国古董家具的投资与观赏价值。

近年来，古董家具的市场行情发生了日新月异的变化，并一直呈上升趋势。例如20世纪90年代初，一对明式黄花梨官帽椅价格在2 000元左右，而今它的价格则在几十万元至二三百万元不等，且行家认为仍有很大的上升空间。再如清代红木太师椅，20世纪80年代仅为800元一对，到了20世纪90年代达到8 000元，如今它的价格已经在10万元以上。即使一件清晚期的六角老红木玻璃橱，10年前只要800元左右，到了今天它的价格也在6万元以上。

如今，古董家具更因其实用性，在现代家居装饰中的地位逐渐提升，越来越受到人们的追捧。在目前的红木市场上，新料价格的迅速上涨，令圈内人士咋舌，如海南黄花梨的木材价，2015年间，交易价格已突破6万元/斤的大关，而个别罕见的紫油梨大老料，满瘤疤料等极品原料甚至出手便是过10万元/斤。因此，作为中国最早与陶瓷器共同走向世界的艺术品种，古董家具仍具有非常广泛的国际性，它的价值空间是显而易见的。

在全世界艺术品投资热潮中，中国艺术品的价值在国际市场不断升温，古董家具更是其中的佼佼者。高档名贵的硬木与传统国粹文化的融合使它成为高品位和高价位的代名词。收藏古董家具已经成为一桩颇为风雅且迅速流行的活动，致使许多原本就缺乏起码鉴赏力的人难以保持冷静的头脑；因此，古董家具市场亦是鱼龙混杂、泥沙俱下。

如何收藏现代艺术瓷器

近几年，由于景德镇的陶瓷艺人和艺术家们的努力，现代艺术瓷开始被海外收藏家关注，收藏家和陶瓷爱好者开始注意到，现代艺术瓷也是个不容忽视的新的收藏热点。

收藏现代艺术瓷首先应清楚自己的收藏目的。一般来说，收藏一般艺术作品是出于喜爱和美化家居的需要；收藏名人名作，出于增值和提高收藏家身份的需要；按风格、年代、作者等类别进行收藏，出于系统化、专业化的需要。因此，收藏名人名作，不仅需要眼光，而且还要有强劲的财力支持。在准备收藏之前，首先应大概了解景德镇瓷器的成型工艺和烧成工艺，多看多比较不同陶瓷的优缺点。在具有起码的陶瓷优劣鉴别能力的基础上，就可以尝试着购买一两件价位不高的艺术瓷。

那么，选择一件瓷器作品应如何鉴别呢?

首先应看作品的造型

造型往往被陶瓷艺人和收藏家忽视，因为人们最容易被色彩打动，而轻视造型本身。作为一种三维空间的艺术形式，造型的本身就能体现出一种精神。或圆润，或挺拔，或纤秀，或雄强，或文儒，或豪放。造型虽是由简单的线条组成，但提供给人们的想象力却是无穷无尽的。

其次看装饰的效果

因为是现代艺术瓷，既要看装饰是否与造型统一，更要看装饰本身是否新颖和有创造性。瓷质材料的精美决定了装饰也应是唯美的。现在有些陶瓷艺人，简单地将国画画面移入瓷器装饰，效果未必很好。除少数作品外，二维空间的国画移入三维空间并不适合瓷器装饰。好的瓷器装饰应是在任何一个角度都能给人以效果的完整性，而不是有些画面太挤，有些画面太空。

最后看色泽

青花是否纯净幽远，丰富润泽；釉里红是否红而不俗，层次多变；釉色是否亮丽莹透，无斑点瑕疵。如果以上三点都比较符合要求，至少具备了收藏的基本条件。接下来要了解作者的自身条件，如果是新人新作价位偏低，大胆买下。如果是名人名作，还需考察作者的年作品量。同样作品的重复量如果少，价格自然要高，如果量多，特别是重复作品多，建议谨慎购买。从国际收藏惯例来看，收藏中青年艺术家的作品，看似有一定的风险，实际上却是最具价值回报的一项投资。

体育收藏正当其时

奥运贵金属纪念品升值潜力到底有多少？收藏要注意哪些事情？

体育收藏正当其时

75岁高龄的谷丙夫老先生是体育收藏界的名人，跟各种藏品打了半辈子交道。他指出，体育本身不可能收藏，但它的派生物却具有历史价值和纪念意义，成为收藏者的收藏对象。

从1896年第一届现代奥运会开始，有很多收藏品已经被人收藏。1993年国际奥委会成立了奥林匹克纪念品收藏协会，作为重大题材的奥运收藏品，在奥运会召开之前或者举行之中，是最好的升值阶段。

奥运收藏品价格上涨

据了解，此前凡举办过奥运会的国家，都曾形成过收藏投资奥运纪念品的风气，国际收藏界现在已经将所有有关奥运会纪念品的收藏命名为“奥林匹克收藏”。收藏市场的“奥运风”越刮越猛，有的奥运纪念币，一年后，其价值就上涨了50%。

邮票是一种特殊的商品

随着邮票诞生的集邮，起源于兴趣，归功于邮票丰富的选题、精心的设计、精美的印刷，通过收藏、欣赏、研究邮票及相关邮政用品，旨在求乐，人们在欣赏邮票的同时获得精神上的满足。但生活在一个以经济为主的社会中，人们在不知不觉之中也把集邮当作是一种产业，用金钱来衡量，邮票是一种特殊的商品。邮票一次性生产，印数和发行量限定不变，时间越久，数量越少，价格也就越高。另外，邮票还与一个国家的形势密切相关，又被称为“国家名片”。

小小的一张邮票，却具有非常多的学问。我们介绍几个基本概念。

新票：新发行未使用过的邮票。价格最高。

盖销票：盖章使用过的邮票。价格次之。

信销票：邮资凭证，有一定的邮政史料价值。价格最低。

成套票：一个完整的系统邮票。价格较高。

散票：不成套的单张邮票。价格较低。

单票、方连票、全张票：主要指新票中成套未分开的邮票。

纪念邮票、特种邮票：J 字头小型张邮票、T 字头小型张邮票。

错票、变体票：因设计、印刷等造成的错误邮票。这种邮票极为珍贵。

邮票投资的渠道有：国家邮政机构、集邮公司、拍卖行、集市、邮寄等。

邮票投资的特点是门槛比较低，任何人都可以介入，且几乎不用成本就可开始。但邮票投资收益不稳定，价格波动较大。集邮除了具有一定的投资价值，它还具有知识性、趣味性、文化品位等，更可陶冶人们的性情。

下　篇

理财有方，投资有道

第12章 做自己的家庭理财师

家庭理财的多米诺骨牌效应

俗话说:“万事开头难。”不管是假日收拾打扫房子,还是打算写一篇帖子,或者是开创自己的事业，走出第一步，都是非常关键非常重要的，然而开头往往也是最难的。只要克服了“开头难”这个阶段，后面的发展自然会水到渠成。

为什么商业界人士看重所谓的“第一桶金”，也是同样的道理。无论你第一次经商的结果如何，获得利润多少，关键在于你迈出了艰难的第一步，并从中吸取经验教训，为下一次尝试找到了正确的方向。一旦打开光想不做的僵局，你就像打开了一道通往外面世界的大门，也许即将发现另一片广阔天地。

家庭理财，不外乎开源节流。最常见的累积方法是存钱：存工资——每个月存工资。你不会告诉我说你从来没有存过钱吧？那可不妙，年轻的时候养成储蓄的习惯,不但是给自己的承诺,也是培养财商、积累财富的基本手段。工薪最适宜的存款方式，零存整取，定时定量，有规律，积少成多的过程也令人很有成就感。

经过一段时间的原始积累，你当上了小富翁之后，就可以开始考虑通过其他的投资手段来实现财富的增值了。除了收益率偏低的银行储蓄，目前常见的渠道还有国库券、货币基金、股票、房地产等方式。这时需要拿出一点钻研的精神，找准适合自己的投资方向，勤学肯问，让自己成为“业余的专家”，这是一个双赢的局面：财富和知识齐头并进。

除了存折上的数字，还要考虑抵御风险的能力，更要有居安思危的忧患意识。

生活中的投资和理财，就好像一串多米诺骨牌，首先要小心排好每一张牌的位置，不要让坏习惯毁掉之前的辛勤努力；然后是选择正确的时机轻轻一推——等着看你期望的美丽图案。

做好家庭资产评估

制订家庭理财目标，需要对家产进行评估。评估的目的就是要对家庭的收入、资产等做到心中有数，有利于选择理财方向和确定投资的项目。

家庭资产是指家庭成员所共同合法拥有的全部现金、实物、投资、债权债务等，以货币进行量化之后的净值。信誉、学识、社会地位等无形的东西，虽然也属于财富的一种，但无法对其以货币进行量化，所以在理财活动中，不将其归纳为资产的范畴。

资产是您拥有的财富，包括以下几方面：

固定资产为店铺、汽车、家具、收藏品等；

流动资产为现金、外币、债券、股票等；

投资资产为住宅、黄金、珠宝、公积金等。

负债是您应偿还的债务，包括两方面：

长期负债为按揭还贷、汽车分期付款等；

短期借款。

将以上所列举的项目以货币进行量化之后，用资产合计数减去负债合计数，得出的净值就是家庭实际资产总额。

理财还要确定自己的投资期限。理财目标有短期、中期和长期之分，不同的理财目标会决定不同的投资期限，而投资期限的不同又会决定不同的风险水平，因此，在进行资产评估的时候就要注意到这些。

接下来的步骤就是要对家庭的正常收支进行一个详细划分，以便计算家庭每个月的结余情况，方便对资产的增长进行计算。

家庭收入是指扣除应交纳的税款之后的纯收入，一般来讲分为以下几个类别：

常规收入（工资、奖金、补助、福利等）；

经营收入（房租、佣金等）；

投资收入（股票、基金、债券等）；

偶然收入（彩票等）。

家庭支出是所有以现金或信用卡等方式支付的货币总额，一般来讲分为以下几个类别：

日常支出（饮食、服装、水电、交通、通信、赡养等）；

投资支出（股票、基金、外汇、债券、存款、保险等）；

意外支出（医疗、赔偿等）；

消费支出（旅游、保健、购物等）。

这些是一般家庭具有的收支，肯定是不全面的，应根据每个人和家庭的实际情况来计算。

家庭理财从记账开始

根据调查显示，生活的富裕指数，有95%是决定于你的用钱态度。其实除了从生活节省开销之外，“记账”是最有效的方法，因为这样可以帮助你检视出什么是“必要支出”和“非必要支出”，并且持续力行“当用则用、当省则省”的原则，才能让财务不致产生困境。

家庭理财从记账开始，记下每天衣食住行的各项开销，过量入为出、精打细算的日子，保证一个月下来你就成“有钱人”。

记账是致富的先决条件，等于是将自己或产业的财务书面化，借此可以明确帮助自己定期检视收入和支出的情况，避免无谓的乱花钱，随时调整收入及支出的平衡关系。通过记账，除了可以看出支出在哪里，如果有负债，也可以了解其来源及原因。

记账有四大好处：

胸怀全局

记好这本账，它能让你对个人或家庭的总收入有个清晰的概念。进多少，出多少，存多少，望一望账本，你就会感觉家庭的经济大权并不好掌握，须得在“巧”字上花点工夫才行。记流水账会促使你每天拿起笔，算一算今天用过的钱，想一想明天的钱怎么花。

改善消费习惯

通过记账，你可以了解每日在食、衣、住、行、育、乐等方面的支出情形。如果你发现有一部分钱不知道花到哪去，你可以翻一翻账本，一切都一目了然。除了每日将当天的花费逐一并且详实地记录下来外，最好每一周及一月进行总整理，再与上周或上月作比较，找出非必要的花费项目，改善消费习惯，久而久之，就会有愈来愈多的余钱可做其他的理财规划。

达到强迫储蓄的效果

一般人常认为自己没有钱可以存下来，那是因为他的用钱观念是“收入－支出＝储蓄”，但支出部分除了固定必要支出外，往往也包括更多“想要”的支出。此时不妨来个逆向思考，把这个公式改成“收入－固定支出－储蓄＝其他支出”，每月先把固定支出，例如房贷、车贷等，以及想要存下来的钱先在记账时就扣下来，剩下的部分才用作个人其他的支出项目，这样做才不会让每个月的钱在没有计划下花光光。

节制“想要”的消费欲望

在日常生活中，我们都有过这样的经验：在没有记账之前，常常是动不动就坐出租车，而不会意识到乘公交车比较省钱；出去吃个午餐，却可能被路边摊的小饰品吸引而驻足不前，不知不觉多花了许多钱；只要户头里还有钱或是信用卡还可以刷，多半都会尽情消费。这些都是一些无意识中养成的消费习惯。

当开始记账后，每写下一笔消费金额似乎就会伴随着一种思考：今天买的手镯买贵了；有些花掉的钱其实可以不用花……如此便可理清什么是“必要”，而什么只是“想要”，进而在中间作出取舍，在杜绝“想要”的消费欲望后，便有多余的钱可以存下来。

理财还有以下几项技巧可以供你参考。

两抽屉法：把你的记账表分为两类，一类叫作消费抽屉、一类叫作储蓄抽屉。在日常生活中，刚开始可能因为计划不合理，会经常动用储蓄抽屉的钱，但慢慢地要逐渐提高消费抽屉的可运用的日期，直至完全不用储蓄抽屉的钱为止。这样慢慢地就会有很多余钱用于储蓄。

多信封法：更加细致一些的分类方法，把记账表分为很多信封，包括储蓄信封和衣食住行娱乐费用信封，其实也就是把两抽屉法的消费抽屉拆分为很多单项，单项费用超支就需要从其他费用信封中支出，直至养成习惯，不用储蓄信封为止。

多账户法：更为专业的分法就是按照会计的分类方法，把账户分为定期定额账户、房贷扣款账户、信用卡账户、现金领用账户等，便于记账管理和控制花销。

定额提款法：如果实在懒得记账，但还要控制自己的支出，就可以每周定额从自己的提款卡里提取固定金额，大概为月收入的两成，剩下的为储蓄。然后，就通过不断控制提取数量，直至提取费用的次数、金额不超过目标额为止。

记账这个看似琐碎的习惯，能帮助你每个月省下一笔开销，如果你从来不记账，就永远无法了解钱究竟花在哪里；甚至每到月底前一周就会发现下周可能没钱花了，那么你永远只能是个“月光族”。因此，唯有清楚金钱的流向，确切地掌握支出，才能节约消费。

四步做好健康理财

围绕着健康理财，可以从风险管理、子女教育、退休管理、财富管理四

个方面来一一认知，着手规划。

风险管理

构建健康理财的第一步，就是做好风险管理。何为家庭/个人风险管理？简言之就是对目前家庭/个人的生活状况进行风险评估，找出能对家庭/个人未来生活、财务造成重大影响的隐患，利用风险管理工具进行有效的风险控制，以达到家庭/个人生活和财务的最终安全。

子女教育

现在的父母往往期望尽可能给予孩子更好的教育，而非简单包办终身，正所谓“授之以鱼，不如授之以渔”。为孩子准备一笔可观的教育金，也是我们幸福理财的重要一环。由于教育理财具有特殊的难度，十分有必要通过合理的理财规划加以解决。因此，专家建议教育理财宜早不宜迟，宜宽不宜紧，根据家庭实际经济状况选择合适的理财产品。家长首先要明确孩子教育的目标，未来在哪里读大学，是否出国进修等，之后就应该着手根据这些目标进行准备，确保教育基金，专款专用。

退休管理

未来退休生活的品质，很大程度上取决于之前的准备。社保是其中的基础来源，但是，如果光靠社保体系的退休金，则要做好这样的心理准备，退休前后的生活将发生巨大的变化。或者说，仅仅依靠社会保障系统来实现舒适的晚年生活是不够的。按目前的养老金提取比例，自己能够领到的退休金大概相当于现在三分之一左右的月收入。换句话说，这些养老金很难继续维持现在的生活水平。

在健康理财中自然包括对于退休金的规划。比如，投资物业（在退休前结束还贷），用于出租，获取租金收入；选择稳健的投资工具，定期定投一笔资金，细水长流地积累养老基金……这些无疑都是准备退休养老金的好方法。

财富管理

财富管理建立在风险管理、子女教育金、退休养老金的基础之上，而且与之密不可分。我们首先要明确财富管理的目标。我们都知道货币只有在使用的时候，才能发挥它现实的价值。既然实行财富管理，意味着我有一笔闲钱是今天用不到，但未来某一天，我或我的家人会用到。我们可以根据未来使用的目的、时间，再结合自己的风险承受力，选择不同的投资工具，进行合理的配置。投资伴随着风险，对于个人投资者而言，要获得持续稳定的投资回报，最好遵循“不要把所有的鸡蛋放在一个篮子里”的信条，这在资金量较大的时候格外有效。更为有效的投资策略，可以通过判断当前的市场环境及其未来走向，适时对资产组合进行调整。在每个时期构建最优投资组合，以获取尽量高的投资回报率。

与进行资产配置后等待相比，应时而动的投资策略更为进取。但同时也对投资者的能力做出了更高的要求，这与炒股的波段操作稍有类似。它需要深思熟虑、小心谨慎地选择投资组合，以使风险最小化、收益最大化，并根据市场变化、新资产类别的产生以及全球前景来战略性或者战术性地调整组合中的资产。

你每月该留多少“储备金”

有人说得好，要想使你自己的生活过得安稳无忧，一定要存有固定钱。原因如下：定期存款可以不断产生利息；万一生病住院需要用钱；孩子每年都要有固定的教育基金；家庭每个月需要固定的生活费。当然了，如果这几个方面所需要的资金你都已经有所规划，除此之外，你还有闲钱，那你就可以做其他方面的投资了。也就是说，这几个方面的资金准备，应是你家庭里基本的“储备金”。

事实上，合理储蓄是个人投资理财的基础，每月的储蓄是投资第一桶金的源泉，只有持之以恒，才能确保投资理财规划的顺利实行。所以说，只有做到合理的储蓄，才算迈开了投资这一万里长征的第一步。平时无论钱多钱少，一定要使自己养成储蓄的好习惯。

在当代社会，“先消费再储蓄”是一般人易犯的理财错误，许多人在生活中常感左入右出、入不敷出，就是因为“消费”在前头，没有储蓄的观念，或是认为“先花了，剩下再说”，低估了自己的消费欲及零零星星的日常开支。

也有很多人每个月都会将工资的一部分储蓄起来，有些人储蓄 10% 工资，或 20%、30% 不等，还有的人是把没有花出去的钱储蓄起来，每个月储蓄多少基本没谱。

平时要养成“先储蓄再消费”的习惯才是正确的理财法。实行自我约束，每月在领到薪水时，先把一笔储蓄金存入银行（如零存整取、定存）或购买一些小额国债、基金，“先下手为强”，存了钱再说，这样一方面可控制每月预算，以防超支，另一方面又能逐渐养成节俭的习惯，改变自己的消费观甚至价值观，以追求精神的充实，不再为虚荣浮躁的外表所惑。这种“强迫储蓄”的方式也是积攒理财资金的起步，生活要有保障就要完全掌握自己的财务状况，不仅要“瞻前”，也要“顾后”。让“储蓄”先于“消费”吧！

从市场调查的情况综合来看，理财应从“第一笔收入、第一份薪金”开始，即使第一笔收入或薪水中扣除个人固定开支及“缴家库”之外所剩无几，也不要低估微薄小钱的聚敛能力。1 000 万元有 1 000 万元的投资方法，1 000 元也有 1 000 元的理财方式。绝大多数的工薪阶层都是从储蓄开始累积资金的。一般薪水仅够糊口的“新贫族”，不论收入多少，都应先将每月薪水拨出 10%存入银行，而且保持“不动用”“只进不出”的情况，如此才能为聚敛财富打下一个初级的基础。假如你每月薪水中有 500 元的闲余资金，在银行开立一个零存整取的账户，抛开利息不说或不管利息多少，20 年后仅本金一项就达到 12 万元了，如果再加上利息，数目就更不小了，所以“聚沙成塔”的力量不容忽视。

当然，如果嫌银行定存利息过低，而节衣缩食之后的“成果”又稍稍可观，也可以去开辟其他不错的投资途径，或入户国债、基金，或涉足股市，或与他人合伙创业等，这些都是小额投资的方式之一。

不管你采取哪种储蓄模式，你一定要鼓励自己在干其他事情之前，先将一部分钱付给自己——即把钱存到银行里。有人建议强迫储蓄，就是一拿到薪水就先抽出 25%存起来。长期下来，就可以收到很好的效果。当然，方式可以不加限定，但你务必要在规定的日子里把钱存到银行，以形成储蓄的习惯。

银行存款有窍门

许多工薪族家庭整天忙于工作，无暇顾及银行存款的方法和窍门。其实，银行存款也要讲究方法，在币值稳定、通胀率低的情况下，存期越长，利率越高，实际收益越大，此时就可以多在银行存一些钱；而在币值波动较大、通胀率高的情况下，存期越长，利率越低，实际收益越小，此时在银行中存钱，收益不大，“东方不亮西方亮”，则可尝试寻找其他赚钱之道，如债券、股票等。

正确安排存款金额和期限

存款金额和期限也有诀窍。大笔的存款最好分开存，不要图一时方便只开一张存单，最好多开几张小金额的存单，以后如存款不到期需取出时能方便一些，而大笔的钱就难办了。而且，大笔的存款分开存，也会提高安全系数，狡兔还三窟呢。

另外，如果对存款的期限不能确定，最好选择短期存款，因为这样既能得到一部分利息，如急需使用也能提出。

定期储蓄自动转存便利多

在存定期时，要多采用与银行约定“自动续（转）存”方法，银行对自动续（转）存的存款以转存日的利率为计息依据。这样既可避免到期后忘记转存而造成不必要的利息损失，又能省去跑银行转存的辛苦。特别是遇上降息时，自动续（转）存可保证恰好到期的大批储户的最大利益。

自动转存防利息蒸发

自动转存存款应当按照开始确认的一年期定期利率结算。但在实际操作中，由于银行失误等原因，可能会出现第一年按定期算，以后按活期算的现象。到银行存款时，一定要写清自己的存款方式和利息结算方式；取款时，对照利率仔细核对，以免糊里糊涂地遭受损失。另外，银行也要加强自律，规范操作，遵守诚信，对客户更尽心、更负责。

了解通知存款种类

约定自动转存。许多银行的银行卡开通了“约定自动转存定期”等服务功能，如果客户银行卡上的资金达到5万元以上，银行将自动把这笔资金转

为通知存款，并向客户发送转存通知书。

网上自助存储。目前网上银行推出了“自助转存通知存款”业务，一切业务均可以在网上进行，省去了去银行办理手续的麻烦。

提前支取存款有窍门

存款的支取方法分为部分提前支取、小额存单抵押贷款等。部分提前支取多运用“部分提前支取”技巧，如一张万元存单，存期未过半，需取出5 000元急用，你可向银行“部分提前支取”5 000元，剩5 000元不动，前5 000元按活期计息，而后5 000元则仍按原定期存单利率不变；如该存单此时存期已经过半，则可向银行申办小额存单抵押贷款，存单到期所得利息在扣除抵押贷款利息后，足以超过提前支取所得的活期利息。

不可不知的存款计息小窍门

很多人都很懂得储蓄，但是懂得储蓄并不意味着懂得理财。

目前，尽管存款利息越来越低，但是来自金融部门的统计数据表明，储蓄仍然是普通女性最重要的投资手段，怎样才能通过储蓄最大获利，这其中还真有不少窍门。往银行存款看似是简单的一件事，实则大有学问，运用得当才能充分发挥这一理财手段的作用。

有的人担心利率会继续下调，就把大额存款集中到了三年期和五年期上，也有的人仅仅为了方便支取就把数千元乃至上万元钱存入了活期。这两种做法是否科学呢？让我们来看看具体的例子。

从工商银行获得的数据显示，2016年3月1日活期存款利率为每年0.3%，定期一年期为每年1.75%，三年期为每年2.75%，五年期为每年2.75%。假如以50 000元为例，三年期获得的存款利息约为1 375元。假如把这50 000元存为活期，一年只有150元利息，即使存三年利息也只有775元。由此可见，同样50 000元，存的期限相同，假如方式不同，三年活期和三年定期的利息将差600元，这种情况下存活期的利息损失是相当大的。但有人担心将存款一次性存入三年或五年定期，一旦提前支取，还是得不到较高的利息，事实上，现在针对这一情况，银行规定对于提前支取的部分按活期算利息，没提前支取的仍然按原来的利率。所以，个人应按各自不同的情况选择存款期限和类型。

从定期存款的期限来看，宜选择短期。

在具体的操作上，不妨采用一种巧妙的方法。可以每月将家中余钱存一年定期存款。一年下来，手中正好有12张存单。这样，不管哪个月急用钱都可取出当月到期的存款。如果不需用钱，可将到期的存款连同利息及手头的余钱接着转存一年定期。这种“滚雪球”的存钱方法保证不会失去理财的机会成本。

现在，银行都推出了自动转存服务。在储蓄时，应与银行约定进行自动转存。这样做，一方面避免了存款到期后不及时转存，逾期部分按活期计息的损失；另一方面，存款到期后不久，如遇利率下调，未约定自动转存的，再存时就要按下调后利率计息，而自动转存的，就能按下调前较高的利率计息。如到期后遇利率上调，也可取出后再存。

如果急需用钱，而存单又尚未到期，并且是在以前高利率时存的，可不必提前支取，因为银行规定定期存款提前支取时利息按活期存款计算。这时，可以用存单作抵押到银行贷款，等存单到期后再归还贷款。当然，事先要计算一下，假如到时归还的贷款利息要高于存款利息，那么这一方法就不可取了。这时，可以到银行办理部分提前支取，余留部分存款银行将再开具一张新存单，仍以原存入日为起息日，这一部分的定期存款的获息就不会受到影响。

假设手中的闲钱预计在几个月内不用，那么选择定期三个月或六个月比较划算，但需要弄清楚你存款的银行是否有自动转存业务。选择能自动转存的银行，就省去了跑银行的麻烦，存款到期后利息和本金会自动转存并计息。

比如，你手中有1万元存入工商银行，先存三个月定期，到期时利息为135元，则第二、第三、第四季度继续连本带利自动转存，利息分别为136.822 5元、138.669 6元、140.541 6元，滚存一年后利息总计为551.033 7元，要比1万元存活期多出251.033 7元。

由此可见，了解一些存款计息的小窍门有利于我们财富增长，平时有空

可多去银行或者通过各种渠道了解一些存款常识和技巧，以帮助我们的财富不断增加。

巧用信用卡

人们经常说：爱信用卡，是因为它使用方便，并提供增值服务；恨信用卡，是因为它的不可控性常常带来恶性负债，使自己每月都要支付高额的利息。如果您在日常使用信用卡时，只是单纯地把它当成刷卡和投资消费工具的话，那么，真的就是太“委屈”它了。信用卡的使用，重在一个巧字。巧用信用卡，将其变成个人理财的工具之一，不仅可以享受诸多的便捷，还可以帮忙省钱，以及享受银行为持卡人提供的增值服务。巧用信用卡，学会用明天的钱改善今天的生活。

巧用信用卡，不妨尝试从以下几个方面开始。

第一，多刷卡可以免年费

信用卡每年所收取的150元或300元的年费常常令办卡人觉得是一笔过高的额外开销。这样看来办信用卡似乎并不划算。然而，在目前国内的信用卡市场，各大银行都有推出一年中刷卡若干次，即可免年费的优惠政策。这样说来，在国内，信用卡的拥有和使用基本上是免费的。

第二，学会计算和使用免息期

使用信用卡一般都可以享受50～60天的最长免息期（各银行有所不同），这也正是信用卡最吸引人的地方。免息期是指贷款日（也就是银行记账日）至到期还款日之间的时间。因为持卡人刷卡消费的时间有先后顺序，因此享受的免息期也是有长有短的，而我们上面说到的50～60天的免息期，则是指最长免息时间。

信用卡有免息期，节假日刷卡会获赠双倍积分，而且异地消费不收手续费。第一，实惠。一般信用卡都有积分换赠品的活动，去年我们家就获赠了全家一年的保险一份。这部分用于还款的钱还可以购买短期理财产品。这只是个想法，有人这样做了。方法是购买短期债券，赎回后还款。第二，安全。

异地不收手续费，免带大量现金。第三，方便。去外地购物，钱不够了怎么办，充分利用信用卡的透支额度。

第三，尽情享受信用卡的增值服务

目前国内的信用卡还处于推广期，各大银行纷纷出奇招来招揽信用卡用户。对于银行的各类促销手段，持卡人可以善加利用，尽情享受。银行的信用卡促销活动是没有单独的通知的，都是随每月的对账单一起寄到持卡人手中。收到对账单的信件后，不要急于丢掉，花几分钟的时间仔细阅读相关内容。也可以登录自己所持有的信用卡的银行网站，更全面地了解自己所持的信用卡可以在哪些商户享受特殊优惠。

总体来说，目前的信用卡促销手段包括积分换礼、协约商家享受特殊折扣、刷卡抽奖、连续刷卡送大礼、商家联名卡特殊优惠等。应该说，使用信用卡比用现金更经济、更优惠，持卡消费 1 元绝对比用现金消费 1 元得到的价值多。

第四，信用卡是商旅好帮手

经常出差或是喜欢出去旅游的人，会对信用卡更为钟爱。习惯用信用卡通过各大旅行网来订机票，手续简便而且可以享受免息的优惠，还避免了携带大量现金出行的麻烦。此外，信用卡在异地刷卡使用免手续费。我曾经有一段时间在北京工作，日常消费能刷卡的就刷卡，节省了异地提取现金的手续费开支。

第五，用信用卡理财

我们熟悉用信用卡来消费，但其实信用卡也可以用来投资理财。近年基金大热，却也有很多人苦于缺少资金不知从何入手。信用卡持卡人其实也可以通过信用卡定期定额购买基金，可享受到投资后付款及红利积点的优惠。在基金扣款日刷卡买基金，在结账日缴款，不仅可以赚取利息，还可以以零付出赚得报酬。但是，必须说明的是，这种借钱投资的风险性也是非常大的，而且不适合用来做长线投资。

上班族的理财方案

一个平凡的上班族，若想在有限的收入中存下更多的钱，就必须培养正确而良好的消费行为，仔细地规划每个月的收入与支出，否则，赚再多的钱恐怕也不够用。

以下是提供给现代上班族家庭的理财方案，不妨一试：

准备3~6个月的急用金

就一般理财规划来说，最好以相当于一个月生活所需费用的3~6倍金额，作为失业、事故等意外或突发状况的应急资金。

减少负债，提升净值

小两口的家庭财务应变的实力尤其重要，也就是净值（等于资产减负债）必须进一步提升。而提升净值最直接的方法就是减少负债，国内负债形态包括房屋贷款、汽车贷款、信用卡与消费性贷款等。基本上，个人或家庭可承担的负债水准，应该是先扣除每月固定支出及储蓄所需后，剩下的可支配所得部分。至于偿债的原则，则应优先偿还利息较高的贷款。

把钱花得更聪明

如果“开源”有困难，那么应有计划的消费，从”节流”做起。选对时节购物、货比三家不吃亏、克制购物欲望，以及避免滥刷信用卡、举债度日等，都是可以掌握的原则。在方法上可针对每月、每季、每年可能的花费编列预算，据此再决定收入分配在各项支出的比例，避免将手边现金漫无目的地消费。最好养成记账的习惯，定期检查自己的收支情况，并适时调整。

养成强迫储蓄的习惯

“万丈高楼平地起”，所有人理财的第一步就是储蓄，要先存下一笔钱，作为投资的本钱，接下来才谈加速资产累积。若想要强迫自己储蓄，最好是一领到薪水，就先抽出20%存起来；无论是选择保守的零存整付银行定存，或是积极的定期定额共同基金，长期下来，都可以发挥积少成多的复利效果。

加强保值性投资

股市、汇市表现不佳，银行定存利率也频频往下调降，现阶段理财除谨守只用闲钱投资的原则以外，资产保值相当重要，可透过增加固定收益工具，如银行定存、债券和债券基金的投资比重来达到目的。其中，债券基金因为具有投资金额较低、专业经理人管理操作及节税等好处，较于直接从事债券投资，门槛降低许多，加上目前实质收益率也可维持在银行定存之上，所以成为目前最热门的投资工具之一。不过由于国内外债券基金种类繁多，应先了解其投资范围、特性与适合的用途，配合自己的期望报酬与承担风险来选择。至于银行定存，在利率持续调降的趋势下，最好选择固定利率进行存款。

另外还有一种工薪理财法可以学习。看看自己更适合哪一个。

工薪理财法是一种有机组合投资，将个人余钱的35%存于银行，30%买国债，20%投资基金，5%买保险，还有10%用于艺术品及邮票、钱币等其他方面的投资。

其一，35%存于银行。虽然中央银行一再降低存款利率，但作为一种保本的保值手段，储蓄仍是普通百姓的首选目标。储蓄有不同的种类，我们可以按照不同的比例进行储蓄的分配。50%存一年期，35%存三年期，15%存活期，这样储蓄就可以实现滚动发展，既灵活方便，又便于随时调整最佳投资方向。

其二，30%买国债。投资国债，不仅利率高于同期储蓄，而且还有提前支取按实际持有天数计息的好处。

其三，20%投资基金。1997年年底，国家已正式出台了《证券投资基金管理暂行办法》，这标志着投资基金这一世界性的投资工具将在我国进入一个迅速发展的新时期。它具有专家理财、组合投资、风险分散、回报丰厚等优点，一般年收益可在20%左右。

其四，5%购买保险。保险的基本职能是分担风险、补偿风险，在目前银行利率较低的情况下，购买保险更有防范风险和投资增值的双重意义。如今在北京，花钱买平安、买保障已成为一种时尚。购买保险也是一种对“风险”的投资。比如养老性质的保险，不仅对人生意外有保障作用，而且也是长期投资增值的过程，可以买一些，5%足矣。

其五，10%投资于艺术品及邮票、钱币等其他方面。艺术品投资属安全性投资，风险最小，而且由于艺术品有极强的升值空间，所以长期投入，回报率极高。但千万要懂行，否则买了赝品悔之晚矣。至于其他投资，一是收

藏类，主要包括邮票、磁卡、钱币等，这不仅有投资性质，还融入了个人的兴趣和爱好，做好了可谓是一举两得。

中低收入家庭的理财策略

中、低收入家庭应根据自身的收入和经济状况，制订适宜的理财方案。

低收入家庭：稳扎稳打好投资

张馨今年28岁，她和老公是同一家民营企业的普通职工，家庭月收入为2 500元。这些年来，两人省吃俭用，积攒了5万元积蓄，因为将来购房、子女教育、赡养父母等家庭开支压力较大，所以他们想寻求绝对稳健、收益相对较高的投资方式。

理财师建议：张女士家庭的收入不是太高，理财观念传统，承受风险能力较差，家庭理财要求绝对稳健，宜采用储蓄占40%、国债占30%、银行理财产品占20%、保险占10%的投资组合。储蓄占比最高，支持着家庭资产的稳妥增值；国债和银行理财产品收益较高，也很稳妥；保险的比率虽然只有10%，但所起的保障作用却非同小可。许多人在保险上存在误区，认为有钱人才适合买保险，其实这是大错特错的。如果钱多得花不了，家庭即使出现风险也不在乎那点保险理赔。而收入低的家庭抗风险能力较低，万一遇到意外，这10%保险所起的作用是相当大的，可以帮家庭渡过难关。

家庭由于收入较少，因此抗风险能力相对较弱，不适宜选择高风险理财产品，建议适当增加银行理财产品、保本型基金等产品，以提高收益。

家庭收入不高的情况下，应防止财务断流或意外事故发生时资金紧张，所以购买部分保险产品来规避意外伤害或疾病带来的风险也是很必要的。

中等收入家庭：以风险换取收益

刘晓云今年34岁，在一家上市公司从事人事管理工作，月收入3 000元，先生是公务员，8岁的女儿正在上小学二年级，家庭月收入为6 000元，家庭积蓄10万元，属于中等收入家庭。他们的目标是努力攒钱，等孩子上高中时，让其报考北京、上海等大城市的重点学校接受良好教育，所以他们要求在风险适中的情况下，最大限度地实现家财增值。

理财师建议：刘女士一家属于中等收入家庭，夫妻双方工作较为稳定，并且福利待遇较好，能够承受一定风险。可以采用储蓄占40%、债券占20%、人民币理财占20%、基金或股票投资占20%的投资组合。40%的储蓄和20%的债券、20%的人民币理财都是较为稳妥的理财产品，20%的开放式基金或股票是风险性投资，这部分投资如果收益高了，会增加整个组合的投资收益。万一出现了风险，对家庭整体投资的影响也不是太大。

月收入过万家庭的理财战略

素素今年27岁，卫校毕业后她一直在一家大医院做护士。在好友的动员下，去年她辞去了这份固定工作，专门做起了某知名日化品牌的直销业务。由于她善于交际，并具有一定的客户资源，她的业务越做越好，每月提成收入也从2 000元、5 000元、8 000元，一直到了目前的万元以上。她的丈夫朱先生是政府机关的公务员，在她的鼓动下，也做了直销业务。现在，朱先生的月收入达到了5 000多元。

目前，两人的家庭收入为15 000元，除了日常开销、按月偿还银行住房贷款以外（尚欠银行贷款本息合计为4万元），每月还有1万元的结余。不过，由于夫妻两人均不善理财，面对不断增加的收入，他们还是只认银行储蓄一条路，渠道单一，收益低下。

于是，夫妻二人来到一家银行进行了一番咨询。

银行的理财师首先给他们分析道：目前素素一家把精力都放在赚钱上，对收入的打理缺乏长远的规划，比如，其收入较高，却没有考虑减少家庭债务；习惯有钱存银行，没有积极涉足其他收益高、保障能力强的投资渠道。总之，他们需要一条非常清晰、容易操作的理财思路。

这位理财师给出了具体的理财建议：

建议素素做好后续收入的打理。为实现家庭积蓄的稳妥增值，以应付将来生儿育女，以及换房、扩大经营等开支，根据素素的实际情况，他设计了

一套完整的理财方案：

可以考虑提前偿还住房贷款

按目前素素的收入，积攒 4 万元可谓轻而易举，所以积蓄达到 4 万元后，可以考虑提前偿还住房贷款。因为目前一年期存款利率为 1.75%，而银行贷款的年利率却高达 4.35% 以上。有理财专家说，最好的存款方式就是还贷款，所以，提前还贷是素素减少家庭支出、优化资产结构的有效措施。

建议购买私家车

从事销售工作，主要工作是跑市场、访客户，时间就是金钱，如果拥有一辆属于自己的私家车，不但可以提高工作效率，还可以体现身份和经济实力，进而增强经济往来中的信用指数。根据素素夫妇的收入状况，建议在一年内购买 10 万元左右的经济型轿车。

20% 的后续收入进行储蓄

还清住房贷款和购买私家车以后，素素就可以一心一意打理后续收入了。大家都说现在储蓄利率低，负利率情况下存钱会“亏本”，但再“亏本”也不能完全放弃储蓄，因为储蓄是中国人的传统，也是最稳妥的投资渠道之一。另外，储蓄的变现能力最强，可以作为经营的准备金，所以，将 20% 的后续收入存成储蓄，不但是家庭稳健理财的需要，也是素素打理生意的需要。

30% 的后续收入购买国债

国债是以国家信誉做担保的金边债券，具有收益稳妥、利率高于储蓄、免征利息税等优势，素素可以用后续收入购买适量的凭证式国债。根据当前加息压力增大的实际情况，建议购买短期的一年期国债。这样如果遇到加息，素素既可确保加息之前最大限度的享受较高利率，又可以在国债到期后，及时转入收益更高的储蓄或其他国债品种。

30% 的后续收入用于购买开放式基金

开放式基金可以说是一种介于炒股和储蓄之间的投资方式，适合素素追求稳健又考虑收益的投资需求。根据当前股市相对低迷的实际情况，素素可以选择一家运作稳健、回报率高的基金公司，购买他们发行的新基金，因为新基金成立后正赶上“炒底”，所以其赢利能力也就相对较高。

15% 的后续收入进行股票投资

中国股市的中长期前景是非常乐观的。因为素素从事直销工作，时间相对自由，可以用 15% 的后续收入购买一些能源、通信等潜力股票，这样可以在做业务时顺路到股票市场看看行情，或在家里通过网络看看大盘，适时调整持股结构，进行中长期投资。

5% 的后续收入购买保险

从事直销工作，养老保障一般是靠自己多挣钱、用积蓄来应付生老病死。但在医疗开支不断涨价的今天和未来，万一遇到意外伤害或重大疾病，自己的积蓄有可能是杯水车薪，难以应付。所以，建议素素和先生用自己 5% 的后续收入购买适量的主险和附加险，以对两人的重大疾病、人身意外伤害提供有力保障。同时，素素还可以购买集保障、储蓄、投资三种功能于一身的分红保险或分红型养老保险。

这位理财师的规划建议，对你是否也有所启示呢？

分散投资对于投资人来说能平衡收入，更好地规避风险。

第 13 章
30 年后拿什么养活自己

我们老了花什么？靠什么保障生活

辛苦工作了几十年后，人人都希望自己退休后的生活可以安乐幸福，过上相对富裕的晚年生活。我国传统观念是“养儿防老”，家庭和个人成为养老保险的主要负担者。但最近的调查表明，如今人们已经不再仅仅倾向于依靠家庭和个人来让自己的晚年生活幸福富裕一点，更多的是希望能够由多方面来共同决定。要知道，每个人在年轻的时候都让自己一直处于不断地奋斗中，在这样的奋斗背后更是希望晚年的时候可以过上舒适的生活，而如今的社会形势则告诉我们，即使你再努力，依然很难做到晚年仅仅靠家庭儿女过上想要的生活。于是，各种各样对于晚年生活保障的措施都产生了，而这些晚年生活保障政策在很大程度上都依赖于养老保险。

对于我国这样一个发展中国家，为了使养老保险既能发挥保障生活和安定社会的作用，又能适应不同经济条件的需要，以利于个人晚年生活水平的提高，我国的养老保险由三个部分组成：（1）基本养老保险。（2）企业年金。（3）个人储蓄性养老保险。

无论是养老保险的哪种形式，都需要人们在年轻的时候先有所投资。为此，理财大师们针对商业养老保险给出了以下几个锦囊妙计，可以让人们在购买的过程中获得更大的利益，不至于上当受骗。

不同养老保险的领取额度、领取方式和领取期限不一样

领取额度可以分为保额的5%、10%、12%和100%等几种。例如，中国人寿金色夕阳养老年金保险（A型）规定每年领取保额的10%；太保寿险的老来福终身寿险A款则规定保额的12%；有的还采取每5年或者10年增加养老金的方式，如平安人寿常青终身养老金保险B采取每10年增加5%的养老金。

在养老险领取方式上，通常为每年或每月期领取，但也有一次性领取，例如，老来福C款规定，60岁时可以一次性领取保额的24.8倍，保险合同终止。因为在领取养老金期间，仍然会产生利息，所以分期领取所得的养老金更多一些。

在领取期限上，有的养老保险限定到具体的岁数，如中国人寿金色夕阳规定领取到105岁，友邦保险的金阳年金规定到80岁。有的则为终身，即被保险人领取到身故结束，不过，保险公司通常有一个10年的最低领取期，被保险人生存时间越长，收益越大。

不同养老保险的人身保障功能有差异

养老险都具有人身保障功能，被保险人在投保后若身故，可以得到保险给付。因为人身保障并非养老保险的主要功能，所以各险种差别比较大：缴费期间，有提供高达6倍保额的身故保险，如金色夕阳；有的只返还保费及部分利息，如常青终身。交费期满后，若身故，金色夕阳将105岁之前未给付的养老金一次性支付；常青将终身无息返还其所交保险费；老来福则自然终止合同。但老来福等还整合了定期寿险的功能，对养老金领取前的意外身故、疾病身故、意外伤残以及重大疾病提前给付等都提供了可观的保障。

不同养老保险的保费差别大

所谓一分钱一分货，不同类养老险的保费差别很大，现在我国市场上有10多家寿险公司几十个养老险种，除了利率相同外，养老保障和人身保障差别比较大。因此，在投保时要货比三家，根据养老保险的价格和需要的保障范围进行比较，看哪家的性价比最高。

购买养老保险不能忽视变化的利率

在低利率时代购买养老保险并不合算，是因为对于储蓄金额的累积作用太弱。选购养老保险虽然越早越好，但并不是绝对的。在选购养老保险的时候要对利率是否上升有一个心理估算，一旦银行继续调息，保险利率也随之上调，那么有可能买保险过早而得不偿失。保险退保损失很大，前四五年时间里产生的现金价值都没有保费多。在这种情况下，建议投养老保险分两步走，先选择一部分，如总保障额的50%，等一段时间后，随着利率发展的动向再增加另外一部分养老保险。

其实养老在很大程度上同购房一样，应该是个长期的规划，而不是只凭一时的冲动，更不是说你到晚年的时候说想要就可以要的。相反，为养老作准备，让你的晚年生活有所保障，需要的是长期的投资，需要的是细水长流的支出来积累。在这样的过程中同样需要人们在年轻的时候就为其做好理财投资，要知道今天所付出的一分一毫的价值都会体现在晚年的生活中。因此，从年轻时候就开始为晚年生活理财，而不要只是一味地投资却不懂得为未来作打算。只有这样，才可以拥有一个充实富裕的晚年生活。

社保只能维持最基本的生活

对一个过着幸福晚年生活的老年人而言，每月的主要开销包括吃穿和交通等日常开支以及“享乐费用”，比如用于听音乐、旅游、养宠物等。这就需要没有稳定工作收入的晚年也能有足够的资金来源。这笔资金从何而来呢？

现在大多数城镇居民都已纳入社会保障体系，可以在退休后领取退休金，但光靠现有的社保体系无法实现这样的目的。上海是我国社保体系比较发达的地方，有人做过计算，按目前的养老金提取比例，在未来社会平均工资稳定提升的前提下，社会保障体系只能提供最基本的生活保障，提供的退休金基本上只能达到退休前年收入的三分之一左右，特别是对高收入人群该比例会更少。也就是说，如果光靠社保体系的退休金，退休前后的生活将发生天差地别的变化。可以说，在未来几十年中，退休人员依靠社会保障系统实现丰足的晚年生活是不现实的。

此外，由于社会价值系统的变化，加上计划生育的影响，未来的一对夫妇可能要照顾四位老人，子女也将不再能够成为未来养老的依托。这样，传统的依靠社会和依靠子女来实现养老的格局将会改变，因此，唯有依靠自己才更有可能获得令人满意的晚年生活。结合一些发达国家的社会保障体系和中国未来几十年的国情演变，现在没有退休的年轻人，如果自己手里没有一笔丰厚的养老基金，要维持尊严而体面的晚年生活，可能真不容易。

究竟需要多少养老金

现在不少年轻人都将理财的目标集中在房子、车子和孩子的教育方面，对自己的退休生活并没有过多考虑，这是相当危险的。特别是现在的高收入阶层，如果没有一定的积累，退休后单靠退休金，其生活质量将大打折扣。

那么，每个人究竟需要多少养老金，才足够过上舒适的生活呢？据有关理财专家介绍，考虑到大多数人退休后对钱的需求会有变化，如住房的费用、子女的教育费用等会减少，而医疗、旅游等费用会上升，几项费用互有增减，我们假定支出的费用比工作时减少50%，这应该是个比较大的降幅，即使这样，退休金还是不够维持较高的生活水准。

按照比较理想的人均社会工资的年增幅和银行利率计算，目前二三十岁的年轻白领，未来需要准备的养老基金都将不低于100万元，这个数字还没有考虑通货膨胀的因素，绝对数额是不少的。

要给自己准备一份超过百万元的养老基金，显然不能指望天上掉馅饼。唯一的途径是从现在开始多赚钱、理好财。理财并不像买彩票那样，一旦中了头奖，就可以一劳永逸。理财是一辈子的事情，因此积聚养老金就需要进行终身理财。终身理财，是指一个人在一生漫长的时间跨度上和在人生舞台的广阔空间中，综合利用各种投资和理财的手段以关注个人家庭生活安排为目标的个人家庭资产的安排规划。

建立养老计划越早越好

如果你正值二三十岁，那么从现在开始拼命储蓄，今后几十年在财务方面就高枕无忧了。

人们往往一生茫然行事，永远在为实现下一项财务目标苦苦挣扎。步入工作岗位后，先要买车买房，之后将注意力转向孩子的抚养和直到大学的教育费用。最后，到了四五十岁，则将关注的焦点放在退休金上，在此后的15～20年工作时间里忙着为自己积攒出足够的养老金。

但是，如果你深刻挖掘储蓄的潜力，在二三十岁时疯狂积蓄，这种终身的财务被动状况是可以避免的。以下列举的就是及早动手储蓄的几条好处。

每月完全依靠工资的日子不好过，时时要为应对下一笔大的支出发愁。理财专家的建议是，在年轻时把这个问题解决掉。

如果你在20多岁和30多岁时攒下了相当大一笔钱，在用钱方面就有了很大的回旋余地。步入不惑之年后你可以缩减养老金的储蓄，而用手中的现金再购置一所房子，参加更奢华的旅游度假活动，或是对子女予以资金上的支持。但是如果你继续积极储蓄，在50多岁时就能退休了。

对于怎样的投资组合能积累其足够保障的养老金，可能每个人的计划和使用的工具都不一样。但两个原则应该遵循：一是长期稳健投资，二是合理分配组合。比较适合用于养老计划的理财工具包括银行储蓄、国债（期限越长，利率风险越大）、信誉等级高的企业债、分红型养老保险、收益型股票（每年都有较为稳定的现金分红，目前国内股市还没有真正意义上的收益股票）、开放式基金（尽量选择稳健型的基金，风险较小）、价位适中的商品房、低风险的信托产品（信托的风险与收益率成正比）等。

有人说，复利是世界上最伟大的奇迹之一，这句话是否言过其实姑且不论，但由于复利力量的存在，使得每一个人都有可能积聚起雄厚的养老基金。

简单计算一下，假设一个30岁的年轻人现在投入10万元，平均每年保持10%的收益率，此后不再追加投资，但所得利息全部投入。那么10年后，他将拥有25.94万元，再过10年，他的财富为67.27万元，到他60岁时，这笔钱将达到174.49万元，如果他还坚持10年，那么70岁时，最终拥有453

万元。我们可以发现，越到后来，财富增长越快。而假如他到35岁才开始理财，那么以上条件不变，同样到70岁，才有281万元。晚5年理财，最终收入相差却达172万元。这就是复利的力量。

因此，对任何一个为建立自己的尊严晚年而理财的人而言，时间非常宝贵，越早理财，越能提前实现自己的梦想，积聚到足够的养老金。

制订养老计划要切实可靠

假定A先生现年30岁，工作到60岁，那么他有30年来安排自己的养老计划。

养老预算

按现在的生活水平，一对夫妇一年基本的生活消费在1.2万元左右。稍微过得舒服一点，大概要3万元。那么30年后要多少呢？恐怕谁都难以给出一个确切的答案。如果简单地按每年消费递增5%计算，那么30年后，这两个数字分别是5万元和13万元。减去单位给他们上的养老保险，他们要准备的只是使自己过得比较舒服的那一部分钱，大概是每年8万元。

筹备计划

A先生现在每年拿出7 000元来安排养老计划。如果每年投资7 000元，达到8%左右的年收益率，那么30年后约有85.6万元。可按照上面的计算，每年得花销8万元，这些钱10年就花光了，难道他们70岁以后就只有靠一点点的社保养老金过活？不要忘了，消费水平在逐年提高，收入水平不可能永远不变，如果逐年适当地增加对养老计划的投入，情况就会大不一样。

下面就是综合考虑这些因素后得到的计算结果。

假设的条件是这样的：从30岁就开始实施养老计划，第一年投入的资金7 000元；以后每年递增5%，按年收益率8%来算，到60岁时拥有的金额就有150万元。按照这样的理财计划，A先生的富足晚年生活是完全有保障的。

说到投资手段，养老金的投资最重要的是安全，所以还是首推国债。也许有人不明白，不是说要达到8%的年收益率吗？现在的国债哪有这么高？请

注意，计划是按每年的消费上涨5%来计算的，而现在，4%左右的年收益率还是可以满足的。其次就是新基金，尽管目前新基金的表现有的很出色，但它的盈利能力始终建立在股市的基础上，风险较大，所以只把它列为第二位。

理财原则

（1）量入为出。只有养成良好的储蓄习惯，才能保障后半生的生活安稳无忧。（2）投资组合多样化。采取积极进取的投资策略，实行投资多元化。（3）避免高成本负债。（4）制订应急计划。最重要的不是现金本身，而是要有能及时变现的途径。（5）顾及家人，扶老携幼。（6）做好财产规划。这样，一旦你发生意外，家人知道如何处置你的财产。

高龄老人在经济、医疗、生活照料方面正处于人生的高风险期，趁年轻有工作能力时，及早准备老年所需的经费与足够的保障，才能让老年生活过得安稳无忧。据统计，目前我国男性平均寿命为69岁，女性为74岁。随着科技的不断进步，人的平均寿命持续增长。80岁以上高龄老人数量以年均4.6%的速度递增。对于家庭和个人而言，给自己做一份退休养老计划是必要的。

由于养老计划最基本的要求是追求本金安全、适度收益、抵御通胀、有一定强制性原则，所以需要将养老计划与其他投资分开。商业养老保险作为中国养老保障体系的重要补充，是养老规划的一个不错的选择，因为它可以根据自己的财务能力及对未来预期进行灵活自主规划和选择，所以，购买商业保险成为目前人们规划养老生活最主要的方式。

在选择养老保险计划时，应充分考虑目前的收入水平，并结合自己的日常开销、对未来生活的预期、通过膨胀等因素合理选择。建议购买商业养老保险所获得的补充养老金占未来所有养老费用的25%～40%。

在选择商业保险，制定养老计划时，首先要注重保障功能，使自己在退休后依然能够有稳定的收入，这是第一重要的功能；第二是要注重保值，要看为自己未来规划的养老金是否能满足那时的消费水平；第三是尽早投保，虽然养老是55岁、60岁的事情，但年纪越轻，投保的价格越低，自己的负担也就越轻。

人退休了，理财不能“退休”

老年人退休之后，他们进行投资理财应优先考虑安全、能防范风险的投资。目前市场上投资品种虽多，但并不是进行每项投资都有钱赚。一般投资收益大的，其风险也大，此种投资很不适合老年人。绝大多数的老年家庭目前应坚持以存款、国债的利息收入为主要导向，切忌好高骛远。在存款、购买债券的投资活动中，应注意国家的投资政策导向和利率水平的变化。当预测利率要走低时，则在存期上应存“长”些，以锁定你的存款在未来一定时间里的高利率空间。

老年人退休之后，一般会有一些存款或退休金养老，但面对市场经济的变化和各项支出的不断增加，老年人同样也有“以钱生钱”的理财需要。那么，怎样进行投资理财，既能“以钱生钱”又能避免投资损失呢?

应优先考虑安全投资防范风险。目前投资品种虽多，但并不是进行每项投资都有钱赚。将大部分的养老钱存入银行或用来购买国债、金融债券等投资比较妥当。因为，尽管这些较保守的投资，其利息收益不算高，但却是从老年人家庭的实际情况出发的，是以保障其大额投资成功为第一目标的，其投资收益是既稳妥且安全又无风险的。

在存款、购买债券的投资活动中，还应注意国家的投资政策导向和利率水平的变化，因老年人的分析判断能力较强，从而可注意抓住重点投资品种，灵活运用投资策略。任何家庭投资都离不开国家的经济大背景，近几年来，国家为扩大内需、刺激消费，连续七次下调了存款利率，并对存款利息开征了个人所得税。这时，免税的国债、利率较高的金融债券应是老年人家庭投资生财的主要品种。对于储蓄存款，当预测利率要走低时，则在存期上应存“长”些，以锁定你的存款在未来一定时间里的高利率空间；反之，在预测利率要走高时，则在存期上存“短”些，以便尽可能减少在提前支取转存时导致的利息损失。若有一笔较大资金暂时闲置，但过不了多久就要派上用场，这时不妨去存个“通知存款”，该存款取用较方便，且收益高于“定活两便”及半年期以下的定期存款；或去定存半年，哪怕3个月也总比活期存款利率要高些。总之，应循序渐进，并灵活运用各种投资策略。

在一定的前提条件下，少数老年人不妨适度进行买卖股票等“安全投资+风险投资”的组合式投资，但切不可把急用钱的用于风险投资。投资要注意安全，并不是说不能进行风险投资。实际上，当代社会任何一个投资理财的成功人士，都进行过“安全投资+风险投资”的组合式投资，其目的是锻炼自我、巧抓机遇。

另外，按“安全性”“流动性”“收益性”原则，老年人如果在选择投资组合比例上，储蓄和国债的比例应占85%以上，其他部分投资可分布于企业债券、基金、股票、保险、收藏以及实业投资等。还有，老年人不宜过多地进行太刺激的多元投资活动，一切均应以有益于增进身心健康为主要目的。

第14章 理财要从娃娃抓起

关于孩子的教育，你规划好了吗

孩子的未来也是家长的希望。孩子的教育投资是如今炒得很热的一个话题，所有的家长无一不把精力放在下一代的教育上，从孩子本身的教育到孩子的教育资金，每一个细节都需要家长的规划。

养育和教育一个孩子到底要花多少钱？可能随着父母对孩子的期望而不同。如果你希望栽培孩子读完大学，根据统计，至少要花费10万元，多则上百万元。把孩子从摇篮抚养到上大学，是一项耗费巨大的工程。进行认真仔细的财务规划，为孩子在每个阶段的成长做好准备，在充满不确定性的现代社会是非常必要的。目前大多数家庭没有更多的财富来源，因此更要提前准备子女的教育费用。怎样对子女的教育支出进行提前规划呢？

划定投资期限

子女教育理财规划应根据孩子不同的年龄阶段而选择不同的投资产品。如果你的子女年龄尚小，离上大学还早，为避免通货膨胀导致财富缩水，最好选择比较积极的投资工具，比如票型基金。如果你的孩子已经初中毕业，则可以选择注重当期收益的投资工具，比如高配息的海外债券基金。就投资

的角度来说，长期累积下来的复利效果是很可观的。因此，子女教育理财规划越早越好，甚至在小孩出生前就可以开始。

选择风险偏小的投资品种

客户本身的风险偏好是制定理财规划的重要依据。选择积极进取型投资工具，一般收益率高，但同时也要担负一定的高风险；选择保守型投资工具时，获得的收益率不高，但承受的风险低。由于子女教育基金主要是为孩子的教育提供保障，风险承受能力较弱，所以一般不建议投资高风险品种。

搞清楚经费的来源

客户所拥有的财务资源也是制定规划时要考虑的重要因素。很多经济实力强的家庭会选择让孩子出国留学，甚至在小孩初中时就出国，而且由于其风险承受能力较强，可以考虑投资较高风险的品种；经济实力较弱的可以选择先在国内读大学，花费较少，以后有条件了再考虑出国留学。

提前做一个整体的规划

如同任何投资计划一样，“设定投资目标、规划投资组合、执行与定期检查”是规划子女教育基金的三部曲。其具体内容如下。

（1）设定投资目标。设定投资目标首先要计算子女教育基金缺口，然后设定投资时间，最后是设定期望报酬率。

（2）规划投资组合。规划投资组合一方面要了解自己的风险承受度，另一方面也要设定投资组合。

（3）执行与定期检查。在执行期间，一定要坚持子女教育基金计划，除非遇到特殊紧急状况，坚持专款专用；如果投资过大造成家庭经济负担过重，或者过少，将来受益不大，则要灵活处理，定期进行调整。

孩子的教育很重要，影响、决定着孩子的成长和未来前程，是每个家庭的父母都不可以回避的，作为父母，一定要规划好孩子的教育经费。

孩子教育资金筹措途径

子女的教育在家庭花费中占有十分重要的比重，因此需要及时做好准备筹措教育资金。子女教育资金的筹措可以通过各种途径来完成，通常使用下面几种方法。

教育保险

教育保险是由保险公司针对教育金的需求而设计的。从刚出生的婴儿到十五岁的孩子都适合投保。家长可根据需要和经济水平，由保险顾问帮助制订最适合自己的教育金方案和成长计划，并缴付保险费。孩子每到一个成长阶段（初中、高中、大学、创业等），便可获得与保额相应比例的教育金给付。教育保险涵盖保障功能，保险公司承担孩子成长过程中各种事故、意外和健康风险。

教育保险有传统型和分红型产品，教育保险因为同时拥有保障、储蓄和投资收益等功能，所以需要有一定的费用支出。

教育储蓄

教育储蓄是国家特设的储蓄项目，免征利息税，并以整存整取的方式计息；但存款条件较烦琐和复杂，只有小学四年级（含四年级）以上的学生方可参加，而且要等到孩子踏入高中校门后，家长才能凭存折和学校提供的身份证明去支取存款。

教育贷款

现在教育的负担越来越重，为了缓解教育的压力，国家出台了一系列的扶助政策，要求不让一个学生因为交不起学费而退学。其中，国家助学贷款就是非常重要的一项措施，凡是符合条件的贫困生都可以申请，只需要信用担保，而且在校期间全部免息。国家的此项政策无疑是为贫困生迈向大学这座象牙塔提供了“绿色通道”。

从青少年消费看财商

广州市穗港澳青少年研究所一项有关青少年消费行为的调查显示，青少年每个月可以动用的金钱，100元以下的占36.5%，101～200元的占23.1%，201～400元的占19.2%，401～600元的占9%，600元以上的占8.3%，剩下

的表示每月消费不固定或从未认真统计过。而他们的零花钱主要是用来购买衣服鞋袜、消闲刊物、参考书，到西式快餐店消费，以及看电影等。

调查结果表明，39.6% 的青少年认为“自己有很多用不了多久便不再用的东西”。由此可见，不少青少年在购买东西时，可能会因为受他人的影响，从众消费，或可能被商品的外观所吸引，凭一时的冲动而购买，买回来后却发现所买的东西并非自己所需要的而闲置一旁。相当多的青少年存在乱消费、盲目消费、理财能力差的问题。他们的虚荣消费和冲动消费能力强，而理性消费能力较弱。有关专家建议，家长应该从子女小时候起就有意识地对其进行财商教育。

青少年的钱从哪儿来？除了家长日常给的零花钱以外，一到过年，少则几百元、多则几千元的压岁钱让中国几亿孩子一夜间“暴富”。可是这些压岁钱的“流向”，却从一个侧面体现出了家庭理财教育的不足。这些“飞来横财”慢慢地变成了家长们的心理负担：如果把钱交给孩子，担心他们没有自控能力，会胡乱花掉，由家长保管又担心孩子不满意。

在内蒙古自治区呼和浩特市，高二学生小磊过年收到了 3 000 多元的压岁钱，没几天就在网吧、游戏厅里花光了。他如此快速花钱理由很简单：这笔钱来得太容易了。

其实在中国，像小磊这样的孩子不在少数。农历大年初五以后，孩子们“压岁钱”出笼形成一个小高峰。他们买玩具、打游戏，甚至请客吃饭也已经成了时尚。谁的压岁钱多，就意味着谁的人缘好。攀比和虚荣消费，使压岁钱变了味。家长们急了，开始认识到对孩子进行财商教育的必要。

从小就有意识地培养孩子的理财能力，指导孩子熟悉、掌握基本的金融知识，从短期效果看是养成孩子不乱花钱的习惯，从长远来看，将有利于孩子及早形成独立的生活能力。

现在越来越多的家庭开始用“压岁书”代替“压岁钱”。他们试图从根本上将孩子们的注意力从钱上移开。然而，很多人对此并不赞同。

18 岁的小婷说：“从小到大，父母从没有让我独立支配过钱。不管买什么，他们都替我做主。结果现在我感觉自己根本就不会花钱。”

收到“压岁书”的小衡说：“对过年的期盼很大程度上是对压岁钱的渴望，

收到这些东西，我觉得很没意思。”

大学教师王女士说：“给孩子的压岁钱，关键是要用得合理、恰当。这就要家长们教会孩子如何花钱、理财。给孩子压岁钱，让孩子自己支配，对孩子社会性的发展、成熟是非常有帮助的。”

专家指出，当孩子财商缺乏时，家长应把握好给孩子压岁钱数量，并对孩子的花钱方式进行指导。通过让孩子支配压岁钱，培养孩子的独立意识、节俭美德、自制能力及与人为善的品德。

从小培养孩子的理财意识

教育学家认为，从小就应该培养孩子的理财意识，这不仅仅有益于孩子的未来，也是家长理财的一个内容。

据专家研究发现：儿童从3岁开始就有了辨认钱币、认识币值的能力；4岁起就能学会用钱买简单的物品；5岁起家长应该教育儿童懂得钱是劳动得到的回报，应该给以指导，让孩子能够正确地理解买卖过程；6岁起家长应该培养儿童的理财观念，让其学会攒钱，有一定的储蓄意识；7岁的儿童能够分辨价格高低，评估自己的购买能力；8岁的儿童应该尝试一些简单的挣钱方式；9岁的儿童要学着制订一些花钱计划，能够自己做主买一些“大件”；10岁到12岁的儿童应该树立起节约的观念，能够控制自己并有节制地进行消费；12岁以上的儿童经济观已经成型，完全可以参与商业活动和一些理财行为。

从专家的研究可以发现，不能忽略儿童的理财教育。很多家长放置了过多的精力在孩子的学习成绩、才艺表演等方面，却忘记了人生还有一个重要的理财学。对儿童的理财教育要尽早开始，而且家长也要注意自身的理财行为，要树立起良好的模仿榜样，对孩子的理财观念起到潜移默化的熏陶作用。

需要注意的是，对于10岁左右的儿童，正是他们培养理财观念的关键时期，理财观念的培养要抓住这个时机进行，主要方法有：家长可以鼓励孩子办理自己的“小银行”，把自己的压岁钱、奖励钱等存储起来；带领他们到银行体验开户、存钱、取息等过程，培养他们的储蓄观念，并且根据情况，

适当地交给他们一些利息计算、利率变化等方面的知识；在平时要建立孩子节约、多劳多得的意识，利用奖励制，让他们通过劳动获得零用钱。

美国的一位投资专家在家开设了“虚拟股市”，鼓励孩子进行股市投资。他把每股交易金额按1%的比例计算，股票的价格根据纽约股市每天的行情进行变动，孩子通过“股票市场”的投资，有了真实的投资体验，不但通过买卖股票和“年终分红”获得回报，还能够积累股市经验。

理财是一门学问，家长要有意识地培养孩子的理财观念，让孩子生活在一个健康的理财观念中：劳而有得，多劳多得，善于理财，等等。看那些成功的投资大师，几乎都是在孩提时期就表现出了卓越的投资才能。

教育孩子理财观念的基础就是端正孩子对金钱的态度。如今，随着市场经济的发展，“金钱万能”的思潮开始腐蚀下一代的思想，很多为了金钱而犯罪的案例也越来越倾向于年轻化。或许很多家长也害怕孩子有钱乱花，或者结识到不良少年而堕落，于是严格控制孩子的零花钱，狭隘地以为通过金钱的数量控制就能端正他们金钱观。

这种做法是不科学的，事实表明，过分地控制孩子的零用钱，反而会激起孩子的叛逆心理。他们或许通过偷、抢、强占等行为占有金钱，这样小偷成大偷，反而耽误了孩子的一生。所以仅仅用“截流”的方法是不够的，要学会“疏通”，也就是说给孩子一定的金钱控制权，但是要引导他们往正确的理财道路上走，毕竟孩子的自制力还是很差的，完全地把金钱的使用权放给他们是不行的。所以，“适当疏通法”是各位家长应该掌握和实行的。

良好的消费习惯和正确的理财观念是后天培养起来的，所以我们应该从小就注意培养孩子的消费习惯。美国洛克菲勒家族对子女实行严格的经济管理。每个孩子在七八岁时，每周可得零花钱30美分，十一二岁时每周可得1美元，12岁以上后每周可得3美元，并且需要记载金钱的流向。我们也可以学习这个家族的做法：定期给孩子一定数量的零花钱，让他们自己自觉地记录下他们是如何花掉的，这样不但可以培养他们的节约意识，而且还可以让他们从小养成建立资产负债表的习惯。

当孩子进入了可以自主参与经济活动的年龄，家长可以与他们并肩参与一些投资活动或者兼职工作。一方面让他们更多地接触社会，进一步了解社会真实的一面；另一方面锻炼孩子的自立和判断能力，授予他们一些投资的窍门，同时也与他们站在同一个高度上进行讨论和沟通，这样的教育环境才是健康向上的。

除了家长亲自教育，如今各大银行推出的各种少儿理财项目也值得引起关注。例如一些儿童账户、儿童基金、儿童保险等，都可以帮助家长教育孩子如何花钱，如何理财。举个例子，民生银行的“小鬼当家理财卡”就是结合了储蓄、保险、基金、信托等理财产品，一次性为孩子提供完整的理财计划，也为家长们节省了很多心思。这张理财卡中包括孩子的教育储备金，当孩子读高中的时候，每一个阶段都可以享受到一定数额的教育储蓄利息。此外，民生银行还有专门的儿童收支账簿，这种“小鬼当家理财记账本”，将枯燥难懂的文字信息转变为图片，不但利于儿童读懂，而且也培养了他们自立的能力。东亚银行推出的“聪明小当家”儿童外币理财账户让孩子可以通过网上银行，实现父母与孩子账户之间资金划转。同时，这个账户为了培养孩子的健康账户理念，还设计了“梦想成真”的亲子游戏，帮助家长从创造力和孝心两方面对孩子进行日常教育，让孩子体会“劳动致富”的乐趣，同时也培养了孩子“孝敬父母”的优良品质。

从小对孩子开展金钱教育

张先生有一个10岁的儿子。某天，张先生正忙着手头上的事，儿子拿着玩具枪跑到他跟前，向他要钱买子弹。张先生让孩子先用自己的零花钱买，回来报销。

到了吃饭时间，儿子才满头大汗地回家。他拿出一个盒子往张先生面前一放：“爸爸，你快看。”张先生打开一看，原来都是玩具枪的子弹。张先生随口问：“花了多少钱？”儿子得意扬扬地说：“没花钱。”张先生感到很奇怪。儿子又说：“这些子弹是我用智慧赚来的。”接着他告诉张先生：“爸爸，你不是给我买过一本书，讲怎样利用身边的资源成为富翁吗？今天我实践过了。”

儿子说，他出门后，发现楼下花坛里有好多玩具枪的子弹，就动手捡起来。但是子弹实在太多了，一个人累得腰疼，仍然捡不过来。这时候，他看到周围有小朋友们在玩，就招呼他们过来，问他们："想不想玩小手枪，捡到两枚子弹就可以打一枪。"于是所有的小朋友都开始帮他捡了起来，不一会他就积攒了很多子弹。但他又发现，绿色的子弹特别少，很稀罕，所以很快又制定了新的游戏规则，捡到一颗绿色子弹可以打一枪，其他颜色3颗打一枪，不一会儿，他又收集到了不少绿色子弹。

由于中国人的传统习惯，比较注重孩子的德育，认为过早让孩子接触钱，会使孩子"钻进钱眼里"，让他们纯净的心灵受污染，变得势利。很多家长表示："孩子只要把学习弄好就行，理财这个事，等他长大了，自然而然就会懂的。"但是，孩子总是要独立生活的，培养孩子的财商，让他们从小就了解钱的来源、用途以及如何支配，是对他们生存能力的训练。通过在生活中引导孩子的金钱观念，能够让孩子更快地适应社会，更重要的是学会规划梦想和管理人生，进而实现个人事业和生活的双丰收。

中国家庭的孩子多被父母溺爱，养成了乱花钱、不懂得计划、不知道节制的坏习惯。财商教育要从小进行，可以从基本的"理财"知识对孩子进行教育。对于三五岁的幼儿来说，搞清楚买和卖的概念是怎么回事，这就是初级"财商"了；到了八九岁时，孩子能合理安排自己的零用钱，这就是符合他们年龄特点的"理财"本子。建议利用孩子对数字的敏感，先逐渐让他认识钱币的面值；对于一些常吃、常玩的东西，不妨在购买时告诉他价钱如何，渐渐引入量入为出的算计理念。

"孩子们开始时通常不能理解为什么这么做，但是你得帮助他们养成良好的习惯，这对他们今后的人生至关重要。"《钱不是长在树上的》一书的作者尼尔·古德弗雷如是说。养成一个良好的理财习惯，就是养成了能让孩子将来成功的好习惯。一心一意地专注于他想要追求的目标，等到时机成熟时，这些新的思考习惯，将为他带来预期的名望与财富。

教会孩子使用压岁钱

随着经济水平的提高，儿童的压岁钱也越来越多，如何教育孩子正确地使用和管理他们的小小积蓄已成为很多家长谈论的话题。

刘彦斌说，如果孩子很小，只有三四岁，可以用压岁钱做基金定投，这是不错的选择。每个月投一定数量的钱，年年这样投。如果连续投 5~10 年，赔钱的概率是极低的，赚多少就要看市场，基金的收益是靠时间积累的，这种方法为孩子存未来的教育基金，是最好的方法。

事实上，压岁钱的管理为培养孩子正确的理财观念提供了好时机。将压岁钱合理规划，是向孩子灌输理财意识的好机会，不可掉以轻心。一方面，由于孩子缺少自制力和计划性，压岁钱是不能完全交给孩子处理的，他们很可能因为一些新鲜而无用的物品而将压岁钱挥霍掉；另一方面，如果完全不信任孩子，家长代替孩子接受了压岁钱，那么对孩子金钱观的树立也没有意义。所以就要综合这些问题，合理地考虑压岁钱的管理。那么如何才叫合理呢？就是家长把部分金钱的行使权保留给孩子，在家长的监督和引导下，让孩子自行管理这笔钱的流向，使压岁钱的管理成为孩子理财教育的第一步。

如今很多家长针对孩子的压岁钱问题采取的是储蓄政策：他们会在银行专门开一个账户，把这些钱存起来，以将来成为孩子的教育资金。当然这种做法是比较保守和消极的，积极的做法是让孩子自身接触到部分压岁钱，然后自主决定这些钱的分配。

国际金融理财师王韶华对于儿童理财的教育也有相同的看法，他认为，教孩子理财，就如同帮孩子规划自己的前途一样，一方面可以引导孩子如何消费，另一方面可以教孩子用压岁钱进行理财。当孩子真正拥有这笔钱后，首要的是启发他们去管理这些钱，并且教给他们一些理财工具和理财技巧，让孩子建立理财意识。例如，用灵活储蓄的形式把压岁钱给孩子，教育孩子可以随时支取，但是注意的是支取得越晚利息就会越多，孩子有了利息概念，就会刺激其积累意识。另外，引导孩子用压岁钱做一些投资，让他们接触一些简单的投资渠道，不但可能会有一笔收入，而且可以让孩子们尽早地了解投资内容。

部分压岁钱用来教育孩子，剩下的部分压岁钱还可以寻求一些科学的投资方式。随着物价的上涨，如何“保值”成为很多家长头痛的问题。

当孩子的压岁钱账户已积累到一定数目时，为了保证它的价值不随着物价而浮动，家长应该考虑进行投资了。然而，这一部分钱的投资应该选择稳定的基金渠道，而不是那些风险大的股票。

投资专家认为，针对孩子的理财计划，不能像购买普通理财产品那样，重点追求短期利润最大化和快进快出的资金灵活度。对于压岁钱的理财应更强调本金安全、长期稳定的收益，从而能够抵御通货膨胀等长期风险。

所以对儿童的理财教育，用一个形象的比喻，那就是给他木柴，不如给他一把砍柴刀教他砍柴。

如果当孩子需要钱时，父母就掏出钱让他使用，他只知道钱的好用，不会知道钱来之不易。所以给他一把砍柴刀，让他自己去挣钱，让他切身体会钱的来源和不易，他才能珍惜钱，才能在理财的过程中用心、用脑。

投资大师的提醒是：不要因为专注投资，而忽略了孩子的教育。孩子不仅仅是家长的希望，更是社会发展的希望，所以，孩子的教育包括知识教育、才艺教育、品质教育、理财教育等。因为金钱和人的一生都脱离不了关系，所以培养孩子正确的理财观念又是重中之重。无论是事业还是个人生活，具有正确的金钱观的孩子才能在人类道德的约束上实现资源的合理运用。所以，如果你还没有规划，那么现在就要开始了。

教孩子理财三原则

家长教孩子从小理财是对孩子进行培养非常重要的一个方面。在教孩子理财的过程中要遵循下面三个原则，这是对孩子进行财商教育的基础。

让孩子真正拥有钱

绝大多数孩子都能从父母那里得到零用钱，逢年过节还能得到红包，可是父母通常会用“爸妈替你存下来”的借口收回去。这种做法会造成孩子一拿到钱就赶快花掉的坏习惯，因为他们认为存下来只会被大人没收。

让孩子拥有支配权

家长可给孩子一些建议，但要把支配权交给孩子。当孩子购买的物品父母认为非常不必要时，不要粗鲁地拒绝孩子的要求，可以耐心地给孩子讲道理，并给孩子提出合理的建议。如孩子看到了一个价格不菲的玩具，非要买时，你可以这样告诉他："这个玩具会花光你手中所有的钱，但是昨天你不是想要买你向往已久的童话书吗？如果买了这个，你就不能买那些好看的童话书了。"

让孩子花自己的钱

孩子有零用钱之后就要让他学习如何花自己的钱，这样他才会懂得珍惜金钱。例如，可以和孩子协商，学费、教材费或是全家一起的花费由父母出钱，买玩具、出游时的纪念品、朋友的生日礼物等由孩子自己付钱。如果所有的开销都是别人付账，孩子容易出现滥用、浪费的情况。

教子理财要因时而异

孩子的成长要经历很多时期，父母要针对孩子不同成长时期的特点采用正确的理财方法。

3~5岁的幼儿期

此阶段是孩子理财的启蒙期，可传授一些简单的理财知识。

（1）教孩子辨认硬币和纸币，知道钱是怎么来的。

（2）买些储蓄玩具（如储钱罐等）教孩子存钱，使孩子懂得钱可以越存越多，进而理解储蓄的意义。

（3）到商店购物时领着孩子付钱取货，平时可与孩子做些钱币换物的游戏，培养孩子"以钱换物"的概念。

6~11岁的童年期

此阶段以指导孩子用好零花钱为主。

（1）指导孩子制定用钱计划。让孩子自己制定一个购物计划书，把自己需要买的东西记下来。

（2）监督孩子执行用钱计划。如果孩子不执行用钱计划，不要勃然大怒，耐心和孩子讲道理。

（3）带孩子到银行开户储蓄，培养孩子积累财富的意识。

12～18岁的青春期

此时孩子的独立意识和生活自理能力增强，能更多地接触和处理消费问题，这一时期的理财教育应注重在技巧上提高。

（1）让孩子懂得合理消费。通过让孩子读书、看报以及家长以身作则等方法，让孩子明白哪些消费是应该的，哪些消费是不应该的。

（2）给孩子更多的自由权。给孩子的零花钱适当增加，孩子需要购买的物品，让孩子自己购买。

（3）让孩子参与制订家庭未来规划。在制定家庭理财未来规划时，让孩子也参与进来，让他（她）小小年纪，也尝尝当家的滋味。

（4）让孩子了解信用卡。让孩子详细了解信用卡的功效，使得孩子对信用卡有一个正确的认识。

具体来说，还可以采用下面这些方法。

7岁孩子可以每月发钱、定期储蓄

孩子虽然不会赚钱，但是如果把每年的压岁钱、零用钱等全部加起来也是一笔不小的财富。家长除了帮孩子规划用这些钱投资商品外，也应该告诉他们这些钱该如何储蓄或花费。例如，约定每个月的第一天或是每周发一次零用钱，告诉孩子在下次发零用钱之前，不可以再要。

当父母到银行办理开户，或是到银行存钱时，也不妨把孩子带上，让他们慢慢学会开户、存款以及提款的流程，并且和孩子一起了解银行定期寄来的定期定额对账单等，这样孩子可以亲身感受“复利”的效果，也是激励孩子多储蓄的方法。

有出才有进，不要让孩子一味有钱，也不要让孩子一味花钱。

10岁孩子要引导他花钱记账

一开始，父母可以帮助孩子在领到零用钱后，先把未来一周所需要的花费记录下来，额外的支出也要随后一一记录，以培养孩子记账的习惯。几个月后，家长可以与孩子一起分析这份资金流量表，看看孩子的消费倾向，了解他对金钱的价值与感受；发现偏差，可以适时纠正；另外，也可以把其作为奖励孩子节俭的依据。

培养孩子的记账习惯应注意性别差异。如果要培养男孩子记账习惯，要教他在记账时有所取舍，抓住大头，小东西可以稍微忽略不计；如果是女孩子，在记账的技巧上可以严格一点，这样就培养出一个精明的家庭小会计来了。

记账的意义非常大，不仅可以帮助孩子培养良好的理财意识和习惯，也使得他们懂得挣钱的艰辛。

12 岁孩子要学会独立消费

在不同阶段，孩子总有不同的消费需求：如小时候买脚踏车、玩具，小学时买电脑游戏，初中、高中时让父母添置手机或手提电脑等。

添置东西不是不可以，但是要让孩子觉得有一种区别：让家长买的东西用起来就感觉像欠了父母一份人情似的，但通过自己积攒下来的零用钱买的东西用起来就会心安理得些。

从小家长就可以帮助孩子在每个月的零用钱上做好规划，帮他估计大约花多少时间可以实现梦想，让孩子建立自己的理财目标及投资观念。很贵重的东西仅仅凭借孩子自己个人的力量是很难一下买下的，这时候你可以适时地告诉他：

“父母可以帮你忙，还是算你自己买的，但这算是借钱，有利息，让孩子懂得有借有还。不要把这一手段做得太过分，否则孩子长大以后就只认钱，不认亲情了，到时候你想让他改变‘金钱至上’的价值观念都难了。”

15 岁孩子要学会赚钱

家长要保证孩子的资金供应，就算孩子读大学了，家长还是不能断了他们的生活来源，但这时候要注意培养他们的赚钱意识，让他们懂得赚钱很艰辛。

这个理财观念可以在孩子上初中、高中的时候就教给他们。比如，买一些内部价格的参考资料，问问孩子是否有同学愿意购买，多余的差价就算孩子的，自己赚钱并不难。以后孩子上了大学，你就可以心安理得地鼓励孩子在不影响正常学习的前提下去赚钱了，这样孩子也不会感觉你提出的要求很过分。

教孩子理财要有正确的方法

父母究竟应该怎样教孩子理财呢？除了要注意根据年龄选择适当的方法外，还可以选择下面这些方法。

审核法

每周给孩子一些零花钱，同时发给孩子一个小记账本，要求孩子记录零花钱的用途、时间。每周审核，以检查孩子的开支是否合理及进行一些必要的消费指导。

如果家长发现孩子行为有不妥之处，也不要立刻大加训斥，这样反而会引起孩子的逆反心理，以后花钱更无节制。最好同孩子一起分析账本，使孩子自己认识到自己消费的失误。

按需供给法

对孩子提出的购物要求，家长要分类指导，不需要的物品要对孩子讲明，需要的物品但花钱数目较大的，也要从严掌握。不要认为既然给孩子钱，钱就是孩子的，怎么花在他，而不管不问了。这种想法是非常危险的，有些孩子天天拿着父母给的零花钱去网吧上网、打游戏，很大一部分原因是由父母对孩子的消费“放任自流”造成的。

计划法

确定每周给孩子的零花钱的数目，再帮他制订一周计划。让他自己考虑日常花费的额度，按重要程度逐个列入计划。购物消费时，让孩子自己掏钱支付这些费用，让他学着做预算。切记不要在孩子的再三请求下为他支付一些不必要的开支或者替他弥补乱花钱造成的“财政赤字”，否则，你永远都无法让孩子学会有计划地开支。

阶段法

给孩子的零花钱可随孩子年龄的增长逐步放宽。小学时可少些，初中时适当增加些，高中阶段由于孩子有了一定的社会交往，这时，家长应在“政策”上宽松一点，给孩子一定的花费自由权。

不过一定要掌握度，给孩子的钱不可太少，更不可过多，以免养成孩子花钱大手大脚的习惯。

帮助孩子选择理财方式

（1）教育储蓄。打理压岁钱最适合的方式当属教育储蓄。对于教育储蓄，储户可以根据自己的经济情况和确定的存款总额，与银行约定两次或数次存足规定额度。而且，教育储蓄与其他储种相比，还有一些优势：一是利率优惠，二是免征利息所得税。

因此，父母在购买教育储蓄时，自己自然要出大头，另外还要象征性花一些孩子的压岁钱，并让孩子知道，教育储蓄是孩子买给自己的，最终的受益者还是孩子自己。

（2）国债。从投资的稳妥性来说，用压岁钱购买国债、人民币理财产品比较妥当。

（3）保险。家长还可以用压岁钱给孩子买份保险，为孩子的健康、升学、就业以及养老提供一定保障，这是明智之举。一般来讲，每年春节前后是各家保险公司少儿险的销售旺季，有些保险公司还会推出一些优惠活动，可选择的保险品种也相对丰富。

（4）收藏品。用压岁钱给孩子购买邮票、纪念币、字画等兼具艺术欣赏和收藏价值的物品，不但能培养孩子对人文艺术的兴趣，提升孩子的艺术修养，而且等孩子长大成人后，其变现的收益也会高于普通投资。

教孩子把现金变成实物

对自控能力特别差的孩子，建议家长将压岁钱换作孩子喜欢的礼物或学习用品。平时孩子上学放学途中乘车、买零食和饮料的零花钱，也换作公交IC卡、食物和水壶，并为孩子准备一张电话IC卡，以便及时和家长联系。

教孩子懂得细水长流

根据家庭经济情况和孩子的年龄情况，将每年的压岁钱存入银行或由孩子自行保管。平时不给孩子零花钱，让他明白，他的学杂费、日常开支都从账户里支出，让他自己学做支出记录。如果把零花钱这条路给堵死了，孩子花费的所有希望都在压岁钱，而压岁钱是不会随便增加的，这样孩子在购买物品时，必然要“斟酌”一番。

教孩子科学消费

如果孩子已经上学，你可以“放权”，将部分压岁钱交给他自己打理，

同时引导其制定简单的开销计划，建立消费小账本，明白“货比三家’等消费常识，鼓励孩子根据自己的需求添置学习用品、购买课外读物，或者和孩子商量用压岁钱交学费、书费等。

另外，也可以教育孩子利用压岁钱给爷爷、奶奶、外公、外婆等长辈购买节日礼物或生日礼物，花钱多少无所谓，关键是增加亲情，培养孩子的孝心。

第15章 会理财的女人最幸福

女人，发现你的理财优势

有人说，男人决定一个家庭的生活水准，女人则决定一个家庭的生活品质。我们平时经常可以看到，两个收入水平和负担都差不多的家庭，生活品质有时却相差很大，这在很大程度上就跟女主人的投资理财能力有关系。

在理财工具多样化的今天，一位称职的母亲和妻子，其善于持家的基本内涵已不是节衣缩食，而是懂得支出有序、积累有度，在不断提高生活品质的基础上保证资产稳定增值，这就需要女人们掌握一些必要的投资理财技巧。

女性朋友们掌握投资理财技巧，对家庭的收入作出合理的规划，不仅仅是因为女性朋友们需要有掌握经济的能力，更是因为相比男性，女性朋友们在理财上有一些特殊的优势。“男人赚钱，女人理财”，是现代社会家庭财产支配的最佳组合。

首先，女性理财多为全职太太，她们有时间；即使不是全职太太，能够经常理财的女性其工作也比丈夫要轻松些。而理财其实并不需要占用多少时间，关键是会牵涉一些精力，需要时常关注一下行情，比如说，投资房产就

需要经常了解哪个楼盘涨了，哪个区域又推了新盘等信息。而这些信息，如果不是专门理财的男性，很少有耐心成天研究，尤其是当他们工作压力大的时候，更不愿意去关心这些琐碎的信息。但女人就不一样了，女人的耐心本来相对就好一些，一旦理财，她们就更会热衷于搜集这些信息。

温女士就是一个典型的会理财的家庭主妇。温女士为了让孩子读到更好的学校，买了一套名校附近的二手房，时价每平方米只有2 000多元。此后房价不断上涨，特别是名校旁的房子。虽说是1983年的老房子，后来，每平方米却增值到5 000元以上。而且，细心的温女士在经历了理财的磨炼之后，慢慢发现现在买房子也要渠道，不是所有的人都可以买到自己想要的房子，特别是一手房。自认为没有什么关系的她就把眼光锁定在了二手房上，有的是年初买了，年底就卖掉，并不在手上放太久，只要有赚就好。

后来，温女士又分别在她所在城市的三个区先后买了几套二手房，都是买没多久，就卖掉了。现在手上还有一套单身公寓出租，每个月租金1 200元左右，用来还按揭。温女士的不动产投资效果越来越明显。

像这些烦琐的房子信息，就需要不少的精力和不凡的耐心来慢慢搜集，很多男人就做不到这一点，这正是女人的理财优势。

其次，女人细心，更适合理财。与男人在事业上的大刀阔斧相比，女人的心会更细。她们清楚地记着哪天该收房租了，哪个合同到期了；记着哪天该存定期了，哪天存款到期了；记着哪天该发行国债了等信息。女人较男人细心还表现在对合同的研究、对风险的规避上，她们往往不求赚大钱，只求稳健收益。这一点，是女性理财的一个最明显的优势，很多男士即使通过后天的培养都难以具备这种优势。

最后，理财需要借鉴经验，吸取教训，而女人天生爱交流、爱打探，所以，她们总能得到最敏感、最有用的理财信息。哪里新开了一家超市，哪里的店面租金最高，哪些人做哪些投资赚钱了，做哪样投资亏本了，她们了如指掌。

所以说，家庭主妇理财的优势还是很明显的，想要理财的女性朋友们可不要将上天赋予我们的优势给荒废了，这些优势可以带给我们宝贵的财富呢！

“全职妈妈”的生财之道

现在，生活压力越来越大，很多女孩都想在家当全职妈妈，可以暂时远离工作。但做了全职妈妈就表示你没有了经济来源，需要靠老公养。作为现代新女性对此是无法忍受的，她们既要选择轻松的生活，又要拥有独立的经济能力，看看下面这几个全职妈妈是怎么做的吧！

佳佳，今年28岁，宝宝2岁，佳佳的收入来源主要是网上开店，加入了现代人流行的赚钱行列。月收入为3 000～5 000元。

怀孕后，佳佳辞掉了原来的工作，开始了全职妈妈的生涯。随着女儿一天天地长大，佳佳的持家经验也一天天丰富起来。到宝宝一岁的时候，佳佳就能把家中的大小事宜料理得井井有条了。不久，佳佳的闲暇时间也多了起来。佳佳是个精力很充沛的人，为了体现自己的小小价值，佳佳决定自己在家做些小“买卖”。

因为平时她喜欢在网络商店里买衣服、玩具给女儿，渐渐地，她萌生了投资开一家网络店铺的想法。于是，她联络了几位有网络销售经验的朋友，向他们讨教。她发现，这是个投资小、风险低，又不用花很多精力的生财之道。填写了申请表、选择好店址后，就可以选择销售的物品了。因为刚做妈妈不久，所以对孩子的吃、穿、用都很关注，出售婴儿及儿童用品当然是首选。半个月后，当她在网上卖出自己的第一件商品时，那感觉简直兴奋极了，当天晚上便携夫带女，到外面庆祝了一番。

佳佳的店铺运营得不错，在一年多的时间里，已经在网上成功地进行了1 000多笔交易。

她感触最深的是，网络为每个全职妈妈都开辟了一个自由、广阔的空间，凭借网上日渐完善的系统，独自一人就可以完成线下店铺十几个人甚至几十人的工作。

女儿是她一手带大的，家里没有请保姆，上午陪女儿，下午女儿睡了，她就在家上网回留言、装包裹、叫快递来运送。这让佳佳感到很有成就感！

我们一起来看第二个例子：

倩倩今年27岁，宝宝2岁，当了妈妈后靠业余投资作为收入来源。几年前，

倩倩决定做全职妈妈时，当年一起读MBA的同学惊呼她“浪费”了自己。从收入不错的证券公司辞职，连老公也觉得她太草率。可她早就打算实践一下自己从课堂上学来的知识。有多年的工作经验作后盾，她相信自己不会比工作时的收入差。

经过半年的“演练”，家人正式认可了她在金融投资方面的特长，他们认为她的确能够“稳操胜券”，老公也鼓励她“胆子可以再大一点”。

股票、基金、理财类型的保险，这些都是她的投资对象。这些投资中掺杂着风险，但正是这种风险和挑战练就了她敏锐的目光，激励她做生活中的强者，永远不会被社会淘汰。尽管在业余投资中，有赔有赚，但都不会对她的生活环境带来太大的影响，这就是全职投资与业余爱好的区别。除此之外，有了这个让她接触外界的平台，即使在家中，也能得到在职场中接受挑战的乐趣。现在倩倩的月收入在5 000～7 000元。

谁说只有职业女性才能获得收入，而今全职妈妈也可以做到，甚至做全职妈妈利用自身的时间优势还会有更多的收入。现在的世界，只有想不到，没有做不到。年轻的我们应该用自己的智慧和胆识去创造财富，让自己的钱包鼓起来，一方面可以为家庭减轻负担，另一方面也可以增强我们的自信心。

“抠门女”先要打开心结

节俭是一种美德，但节省过了头，就变成了抠门。在现实生活中，有很多女性朋友会一不小心变成“抠门女”。每个月领了工资就存银行，平时省吃俭用，看到贵的不敢买，看到自己喜欢的东西也不舍得花钱，对待家人的态度更是能省则省，基本无什么浪漫、惊喜可言。对于积攒的工资也是以活期、定期为主，有时候也会选购部分国债。年复一年，钱积得多也罢、少也罢，在他人眼中始终是一个普普通通的妇人。

理财专家建议：如今，这样省钱过日子的“抠门女”越来越少，而追求快乐人生的女性朋友比例逐步提升。对于“抠门女”来说，首先要解开心结。据相关部门分析，过分抠门的女性朋友通常比较悲观，对将来没有信心。实际上，“抠门女”完全可以通过适当的投资理财来减轻对未来“钱”途的忧虑。合理消费是第一步，在储蓄的同时也进行一定的消费，购买一些质优价高的东西，既是对自身的一种投资，也是理财的一个重要环节。无论是一件经典的衣服，还是一款精美的首饰，都会流行多年。而对于年轻的“抠门女”，更重要的是，要学会利用更多的投资品种。

“月光女”要学会储蓄

“她经济”时代，女性拥有了更多的收入和更多的机会，越来越多的女性朋友崇尚“工作是为了更好地享受生活”。手持数张信用卡，喜欢疯狂抢购商品，等到发工资后，再开始以信用卡还贷，赚多少，花多少，常常是月月光。一年下来，除了家里积累的各类商品越来越多，储蓄存款却接近于零。

理财专家建议：在现实生活中，很多年轻的白领都曾经或正在扮演“月光女”的角色，可以月入斗金，也可以月出斗金，崇尚提前消费的生活方式，根本不顾及今后的人生需求。实际上，投资理财应该是贯穿一生的长期规划，年轻的时候，拥有健康的身体和充沛的精力，可以尝试各种各样的生活方式。随着年龄的增长，有没有一份固定且可观的积蓄，大大决定着下半生的生活是否幸福。对于“月光女”来说，应学会把钱花在刀刃上，强迫自己储蓄，银行的零存整取储蓄存款功能、定额定期开放式基金，以及每天计息的货币市场基金，都可以实现“月光女”储蓄的愿望。

“糊涂女”可使用电子银行

女性相比男同胞而言，通常比较细心。然而，在现实生活中，也有很多粗枝大叶的“糊涂女”，对自己银行卡账户余额永远不清楚。每月收入支出消费情况也糊里糊涂，家里各种账单、密码等琐事更是记不住。通常这类女性做事风风火火，不拘小节，在理财方面也是保持随便的态度。她们手中有

一定的积蓄，但没想过如何让这些积蓄“钱生钱”。

理财专家建议：对于“糊涂女”，电子银行可以帮大忙。以在线银行为例，“糊涂女”只要成为在线银行的注册客户，一个电话或一次上网，就可以实现账户实时查询、账户明细查询。面对麻烦的公用事业费，也不用再担心错过网点缴付时间，在家利用在线银行就可以简单操作。对于投资理财，有了电子银行的帮忙，“糊涂女”也可以变成“精明女”，无论是买卖基金、还是投资股票，都可以在线操作。同时，在线银行的历史明细查询，可以帮助“糊涂女”了解历史记录。

“超钱女”有潜力可挖

擅长投资理财的女性比比皆是，她们对于每月的收入能合理地支配和使用，经历2～3年的初期资金积累，开始投资各类理财产品，不在乎赚钱多少。关键是这些“超钱女”都早早地具备了投资理财的意识，一旦外部条件成熟，她们就可以发挥自己的特长。

“超钱女”在资金积累的初期，一般会选择将储蓄及合理消费作为投资理财目标。资金积累达到其心理目标后，“超钱女”的理财目标则是五花八门的投资品种，她们会购买基金、国债，胆大的还会投资股票，甚至炒房。在经历每次成功或失败的投资后，“超钱女”会不断调整自己的投资策略，直到找到最适合自己的理财组合方案。

当“超钱女”步入中年后，此类女性的投资理财更趋成熟，自身的职业生涯规划、孩子教育规划及退休后的财务规划等都被她们列入投资理财规划中。

理财专家建议：对于投资有道、理财有方的“超钱女”来说，有正确的投资理财意识很可取，然而，选择几款合适的理财工具也很关键。开设一张实用的信用卡，满足提前消费；开通一张理财卡，实现所有理财功能的汇总，例如，农行的金穗借记卡，除了常规投资理财品种外，还具有异地汇款、投资彩票、慈善募捐等功能；常打理财热线，想要了解各家银行的理财信息，只要记住服务热线，经常拨打咨询即可。同时，除了自己规划投资理财外，可以适时选择银行的 VIP 贵宾服务，尤其对于中年女性，可以通过银行专业人士的指导，来满足家庭复杂投资理财的需求。

不同年龄女性的理财方案

理财是每个女人的必修课，但是，这堂必修课因人而异，不同的女人，应该有不同的理财方案。你的年龄，直接决定了你应该制定怎样的理财方案。

对于 20 多岁的女孩来说，如果你仅仅知道追求吃穿玩、追求享受、爱慕虚荣，不知道进取，不知道奋斗为何物，不愿意受苦受累……那么你就大错特错了。

20 多岁，应该是好好学习最基本的理财知识的年龄，应该是学会如何把自己打理好的年龄。错过了在这个年龄阶段的理财规划，你的余生都可能会在稀里糊涂的用钱习惯中度过。

20 多岁的女性，大多还是单身，刚刚离开学校踏入社会，很容易沦为“月光族”“卡卡族”，此时关键是要养成良好的理财习惯。

你要学会记账，通过记账，发现自己消费中存在的问题，养成储蓄和计划的良好习惯。

你要积少成多，哪怕每月只存几百元，也可以通过基金的定额定投来进行投资。相对来说，投资组合可以配置多些股票、股票型基金或配置型基金等风险稍高的品种。

你要提升自己，积累无形财富。俗话说，投资脖子以上部位永远没错。新进入社会和职场，开阔视野、充实自我、提升自己的综合素质和工作能力，都对自我价值的提升大有裨益。

当二字头的年龄画上句号，以往无忧无虑的都市女性会突然发现生活里多了些不浓不淡的阴霾：房贷又涨了，老公需要添一部车子，爸爸妈妈看病的花销逐年递增，公司的职位突然多了好多年轻的女孩来竞争……还有，生育宝宝和抚养他到 18 岁的开支居然要 49 万元！于是，30 多岁的女人担忧开

始多了起来，她们需要关注自己，也需要关注家人。

30 多岁，是家庭开支最大、经济负担最重的阶段。这个时候的女人，需要改变 20 多岁的理财策略，将关注重点逐渐由个人转移到家庭上。消费要有计划，投资需降低风险。

这个年龄段的女性，要根据自己的年龄、收入、身份和工作需要等配置一些必不可少的护肤品、服装，或是有一些娱乐活动、人际应酬的花销，甚至是完成婚姻大事等，一般开销较大。在投资方面，可适当增加一些稳健型品种，以逐渐降低高风险投资品种，配置部分流动性稍高的品种以应对可能出现的短期大笔支出。

而家庭中一旦有新成员加入，就要重新审视家庭财务构成了。除了原有的支出之外，小宝贝的养育、教育费用更是一笔庞大的支出。在小宝贝一两岁时，便可开始购买教育险或定期定投的基金来筹措子女的教育经费，子女教育基金的投资期一般在 15 年以上。

另外，越是经济压力的时期，保险的配置越是重要。或许你在 20 多岁的时候还没有理财的想法，你就只能在这个阶段从零开始，好好地理理财了。

相对于二三十岁的女人来说，40 岁的女人更容易迷失。本以为自己属于家庭，所有的生活也仅仅是围绕丈夫与子女团团转，却突然发现，曾经充实忙碌的自己落了空，这个时候，我们需要重新找回自己。女人不要把自己当作花，花总有凋谢的时候；女人要把自己当成树，才能经受风雨，才能开花结果。

所以，如果你 40 岁了，不要再抱怨时光匆匆把你这么快就变老，你应该为你退休后的生活准备“养老金”了。这个时候，聪明的女人会根据家庭成员的状况分别安排资金。由于此时家庭资金刚性支出压力较小，可以给自己或家庭成员再购买保险，资金充裕的话还可以考虑再购买一套房等。但仍不宜进行炒股等高风险的投资，宜改投国债或者货币市场基金这类低风险的产品。

你要相信，不管你是 20 多岁的美丽少女，还是 30 多岁的美丽少妇，或是 40 多岁的美丽母亲，你都是一棵坚韧的树，而合适的理财方案则是让这棵树保持茂盛的肥料。你应该找到合适你的化肥，让它为你的茂盛提供养料。

新婚理财高手云集

大部分人认为“理财”等于“不花钱”，进而联想到理财会降低花钱的乐趣与生活品质。而事实上，在生活中真正的理财高手是在理财的过程中创造出更多的财富，在生活的细节之处，把每一分钱都花在刀刃上。“我有钱，但不意味着可以奢侈”是他们生活的心态，“只买对的，不买贵的”是他们的消费原则。这些理财高手们即使是在一生一次的婚姻大事上，也有始有终地贯彻了各自的理财心得。

异地拍婚纱——婚纱照蜜月游同时进行

王小姐年龄：26 岁；职业：IT 公司职员；理财心得：一份钞票完成两份任务。

王小姐是一家 IT 公司员工，出于职业习惯，对上网有着特殊的兴趣。从网上的交流中，王小姐得知，由于南北方的地域差异，北方人结婚拍婚纱照的花费比例比南方人要低。同时据网友介绍，在青岛有一条婚纱街，门对门开着一排都是拍婚纱照的店，如此一来选择余地大了很多，杀价也变得容易了。

于是，王小姐又在网上搜索了青岛婚纱照的一些相关情况，发现等同品质的婚纱照在上海拍要比青岛贵一倍以上。在青岛拍一套 4 000 元左右的婚纱，外景、夜景、相册、海报基本都有了，而在上海至少要 10 000 元以上。

在与丈夫商量后，两人决定以 10 000 元的预算，到青岛去拍婚纱照，外加青岛蜜月游。在货比三家以及一番讨价还价后，以 3 200 元的价格拿下了整套婚纱照，其中包括 4 套服装、2 处外景（含海景），这在上海不算顶级的婚纱影楼，最起码也要 9 000 ~ 10 000 元。同时计算两人在青岛 5 天 4 夜的花费在 6 000 元左右，如此一来，9 200 元的开支，既完成了婚纱照又度了蜜月。

像王小姐这样做一些婚前的准备“功课”其实并不难，其关键就在于多比较，就如同现在有不少新人会选择到苏州去买婚纱是一样的道理。不同点就在于能否把几件事放在一起做，如果能像王小姐夫妻俩一样，怀着游山玩水度蜜月的心情去拍婚纱照，这与那些请假特地跑这么远专门为拍照的心情是大不相同的。

理财分析师：这是一个成本核算的问题，通过货比三家来控制成本支出，同时又为整个出行提出了预算。

蜜月旅游——学“黄牛”倒票省旅费

赵先生年龄：30 岁；职业：外企中层理财；心得：知己知彼，各取所需。

新郎赵先生在一家外企工作，按级别每年公司都会发给每位中层 8 000 元的旅游券，而光靠这 8 000 元旅游券不足以使夫妻俩的境外蜜月游成行。于是，赵先生学起了“黄牛”，倒起了旅游券。

赵先生向今年没有出游计划的同事折价收购其手中的旅游券。

由于旅行社回收旅游券也并非是全额收购，而是以 8 ～ 8.5 折收回。因此，同事们对于赵先生以 8 折的价格收购也欣然接受了。在这种情况下，赵先生共用 8 000 元现金购得了同事们手中总计 10 000 元的旅游券。

同时，作为新娘的张小姐，其单位虽然不发放旅游券，但每年会组织员工分批外出旅游。对此，赵先生建议妻子小张放弃单位组织的旅游，并把这个名额让给了其他有需要的同事。事成之后，单位以现金的形式，折合近 5 000 元的旅游费用补贴给了张小姐。

就此，夫妻俩分别学了回“黄牛”，一个买进一个卖出，于是两人的蜜月经费也都齐全了。而事实上，赵先生夫妻的这种做法，无论是从他们自身出发还是对同事而言，都是件一举两得的事。

理财分析师：这种运作方式在这个特定的小环境中，无疑是达到了一个资源配置的最佳模式，实现了社会资源在流动中，形成各种有效的配置方式。如果把赵先生夫妻俩的这种行为分别看作是两次交易，那么这是一个双赢的过程，对于交易双方都是一个财富增值的过程。

婚后夫妻理财法则

财务问题成为纠缠许多人婚后生活的一个重大问题。夫妻双方都有保证对方财务状况的义务。女性朋友要多学习理财的相关知识，科学分配自己的财富，让婚后的生活更惬意。对财务的合理规划是婚姻走向成熟的第一步。

通常来讲，由于价值观和消费习惯上存在差异，在生活中，每一对夫妻都会发现在“我的就是你的”和保持个人的私人空间之间存在一些矛盾和摩擦。如果夫妻中的一个非常节约，而另一个却大手大脚、挥金如土，那么，要做到“我的就是你的”就非常困难，相互间的矛盾也就可想而知了。

虽然有很多的新婚夫妻因为财务问题处理不善，闹得吵吵嚷嚷、麻烦不断；但也有的小两口在面对这个问题时保持了必要的冷静，经过磨合，掌握了一些很好的法则，从而使自己的婚后生活达到了一种完美的和谐。这些法则包括下面几个方面。

建立一个家庭基金

任何夫妻都应该意识到建立家庭就会有一些日常支出，例如每月的房租、水电费、煤气费、保险单、食品杂货账单和任何与孩子或宠物有关的开销等，这些应该由公共的存款账号支付。根据夫妻俩收入的多少，每个人都应该拿出一个公正的份额存入这个公共的账户。为了使这个公共基金良好运行，还必须有一些固定的安排，这样夫妻俩就可能有规律地充实基金并合理使用它。你对这个共同的账户的敬意反映出你对自己婚姻关系的敬意。

监控家庭财政支出

买一个比如由微软公司制作的财务管理软件，它将使你们很容易地就可以了解钱的去向。通常，夫妻中的一人将作为家中的财务主管，掌管家里的开销，因为她或他相对有更多的空余时间或更愿意承担这项工作。但是，这并不意味着，另一个人对家里的财务状况一无所知，也不能过问。理财专家黛博拉博士建议可以由一个人付账单，而另一个人每月一次核对家庭的账目，平衡家庭的收支，这样做能使两个人有在家里处于平等经济地位的感觉。另外，那些有经验的夫妻往往每月会坐下来谈一谈，进行一次小结，商量一些消费的调整情况，比如消减额外开支或者制定省钱购买大件物品的计划等。

保持独立

现在是 21 世纪，独立是游戏的规则。许多理财顾问同意所有个人都应该有属于自己的私人账户，由个人独立支配，我们可以把它看作成年人的需要。这种安排可以让人们做自己想做的事，比如你可以每个星期打高尔夫球，他则可以摆弄他喜欢的工具。这是避免纷争的最好办法，在花你自己可以任意

支配的收入时不会有仰人鼻息或受人牵制的感觉。然而，要注意的是，你仍应如实地记录自己的消费情况，就像对其他的事情一样，相互开诚布公。你要把你的爱人看作是你的朋友，而不是敌人；要看作是想帮你的财政顾问，而不是想打你屁股的纪律检查官。

进行人寿保险

每个人都应该进行人寿保险，这样，一旦有一方发生不幸，另一方就可以有一些保障，至少在经济方面是如此。你可以投保一个易于理解的险种，并对保险计划的详细情况进行详细的了解。如果在与你的爱人结婚前，你已经进行了保险，要记着使你的爱人成为你保险的受益人，因为这种指定胜过任何遗嘱的效力。

建立退休基金

你将活很长很长的时间，但是也许你的配偶没有与你同样长的寿命。基于这个原因，你们俩应该有自己的退休计划，可以通过个人退休账户或退休金计划的形式，使你的配偶（或孩子）成为你的退休基金的受益人。

攒私房钱

许多理财专家建议女人尤其应该储存一笔钱以便用它度过你一生中最糟糕的时期。根据你的承受能力，你可以选择告诉或者不告诉你的配偶这笔用于防身的资金；如果你告诉你的配偶，你应将它描述为使你感到安全的应急基金，而并不是在“压榨你丈夫”的钱。

协调夫妻双方薪水的使用

对一般的小夫妻而言，理财的关键在于如何融合协调两份薪水的使用，毕竟，双职工的工薪家庭占我们这个社会的大多数。但是，两份薪水也意味着两种不同价值观、两种资产与负债，要协调好它绝非易事，更不轻松。女人在这方面要尤其注意了，不要让它成为阻碍你家庭幸福的绊脚石。

所谓定位问题，一般来说，是要确定夫妻分担家庭财务的比例。一般情况下，夫妻在家庭财务上的分担包括以下三个类型。

平均分担型

即夫妻双方都从自己收入中提出等额的钱存入联合账户，以支付日常的生活支出及各项费用。剩下的收入则自行决定如何使用。

优点：夫妻共同为家庭负担生活支出后，还有完全供个人支配的部分。

缺点：当其中一方的收入高于另一方时，可能会出现问题，收入较少的一方会为了较少的可支配收入而感到不满。

比率分担型

夫妻双方根据个人的收入情况，按收入比率提出生活必需费，剩余部分则自由分配。

优点：夫妻基于各人的收入能力来分担家计。

缺点：随着收入或支出的增加，其中一方可能会不满。

全部汇集型

夫妻将双方收入汇集，用以支付家庭及个人支出。

优点：不论收入高低，两人一律平等，收入较低的一方不会因此而减低了彼此可支配的收入。

缺点：从另一方面来讲，这种方法容易使夫妻因支出的意见不一致造成分歧或争论。

选择最合适的分担类型，首先要对家庭的财务情况进行认真分析，根据具体情况进行选择。所以在确定分担类型前，夫妻应该认真整理一份自己的家庭账目，并从中寻找到家庭财务的特点。简单地说，夫妻理财分收入与支出两本账即可，或者规定一个时期为一个周期，如一个月，或一个季度，一列收入，另一列是支出，最后收支是否平衡一目了然。

收入账应记：

（1）基本工资，各种补贴、奖金等相对固定的收入；

（2）到期的存款本金和利息收入；

（3）亲朋好友交往中如过生日、乔迁收取的礼金、红包等；

（4）偶尔收入，如参加社会活动的奖励、炒股的差价、奖学金所得等。

支出账应记：

（1）除了所有生活费用的必需支出外，还包括电话费、水电费、学费、

保险费、交通费等；

（2）购买衣物、家用电器、外出吃饭、旅游等；

（3）亲朋好友交往中购买的礼品和付出的礼金等；

（4）存款、购买国债、股票的支出。

夫妻财产明晰、透明

今天，夫妻理财从婚前财产公证到婚后的“产权明晰”“各行其道”，已形成了一个比较完整的模式。这不仅仅是一种时尚的潮流，更反映了中国社会、家庭结构变化以及家庭伦理观念转变的趋势。

结婚不满两年的娟子有一肚子的苦水：“我和丈夫几乎天天吵架。他给外面什么人都舍得花钱，从来不和我商量。家里经济压力很大，既要还车贷，又供着我单位的一套集资房。这些他都知道，可是真要他节省比登天还难。”

娟子还说，她和老公谈恋爱的时候就觉得他出手挺大方的，结了婚以后才反应过来，敢情这“大方”都是对别人的，自己家里那么多地方要花钱，他却说自己要应酬朋友，希望娟子“理解”他。

“结婚前我们约定要做一对自由前卫的夫妻，开销实行AA制，各人管个人的钱，可是现在看来，一对夫妻再前卫再另类，过起日子来还是像柴米夫妻一样。他很反感我过问他的财务，说钱该怎么用是他的权利。”

娟子的老公于先生面对娟子的指责也很不满，他很苦恼，妻子每天对他口袋里钱的去向盘查得近乎“神经质”，而她自己却三天两头地买新衣服、新鞋子。结婚后，按照先前的约定他和妻子实行财产AA制，因为他的薪水比较高，所以娟子希望他能多付出一点，但是正在为事业奋斗的于先生除了负担家庭支出，更多的财力都花费在了应酬、接济亲友、投资等事情上。因为妻子管得过死，于先生心理上接受不了，他反而变本加厉地“交际”。

这种矛盾在现代家庭中经常发生。专家说，不透明的个人财产数目和个人消费支出是这小两口家庭矛盾的真正核心，娟子和她老公的独立账户都不是向对方公开的，彼此之间又没能很好地沟通每笔花费的去向，从而失去了夫妻之间的信任感。

当男女两人组成家庭时，不同的金钱观念在亲密的空间里便碰撞到了一起，要应付金钱观产生的摩擦并不是一件易事。专家指出，夫妻间在理财方面意见的分歧，常常是婚姻危机的先兆。有人说，“夫妻本是同林鸟”，后面却又拖了一句“大难临头各自飞”。而这种连理分枝情况的产生，往往是由于理财不当引起的。

夫妻双方该如何打理资产呢？该集权还是分权？花钱应以民主为宜还是独裁？一方“精打细算”，另一方却“大手大脚”时怎么办？这时候，夫妻AA制理财方式便新鲜出笼了。

所谓AA制并不是指夫妻双方各自为政、各行其道，而是在沟通、配合、体谅的情况下，根据各自的理财经验、理财习惯与个性，制定理财方案。

夫妻理财AA制在国外极为普及。一位外国朋友说：“我不能想象没有个人账户，没有个人独立会是什么样子。我认为，把我的钱放进我丈夫的账户里，或者反过来，把我丈夫的钱放在我的账户里，那简直就是愚昧。在我的家里，我负责50%的开支，我要的是对我的尊重。”

夫妻间管头管脚总是让人烦恼，这就使一定的个人资金调度空间显得十分重要。现实生活中青睐夫妻AA制的人还确实不少。一位主妇说，我同丈夫现在就是明算账。他是一家公司的经理，收入比较高。通常，家中的重大开支如购房、孩子上学等我们都各出一半，各自的衣服各自负担。日常生活的开支由双方收入的30%组成，如有剩余便作为“夫妻生活基金”存起来，时间长了也相当可观，被视为一种意外收获。虽然我同丈夫的感情基础不错，但我们都有各自的社交圈，也许有一天，对方突然“撤股”，那么各自储备的资金将会弥补这种生活的尴尬。

第 16 章 网络世界理财全攻略

网络银行时代已经来临

认真想一想吧：你上一次走进银行是什么时候？

由于 ATM（自动柜员机）电脑终端使得客户全天 24 小时都可以进入其银行账户，许多银行客户很少再去传统的有形银行网点了。随着网络银行的出现，你现在待在家里就可以通过虚拟空间进行银行操作，而且在 24 小时中的任何时间都可以进行。

应该使用网络银行的理由

（1）ATM 机使理财方式发生革命性变化。除了不能从个人电脑上取钱外，网络银行可以提供绝大多数银行营业大厅提供的服务。ATM 机的优势服务，甚至更多。

（2）网络银行可以使你像银行一样掌握自己的账户信息。你通过电脑登录账户，不仅可以得到你在 ATM 机上能看到的账户余额，甚至会显示你尚未与银行结清的未偿付账单。

（3）网络银行可以复查那些通过 ATM 机进行现金提取、信用卡信用消费和其他未登入账簿记录的交易。最近的一项年度调查显示，美国人使用自动柜员机卡超过 70 亿次，平均每月 6 亿次。如此多的交易中出现遗漏重要信息的可能性非常大。

（4）网络银行进行网上资金转账。

（5）网络银行以任何贷款或银行信用卡账户形式进行网上支付。下载交易信息，并自动将其插入个人理财软件。

（6）网络银行紧密监视你的账户，使你回避或降低服务费和透支费用，同时尽可能增加你的利息收入。

你在网络银行上的选择范围，取决于银行的网上部门现时能提供什么服务。你可以选择的服务可能从最基本的功能（如查询账户余额、网上转账），到更加复杂的跟踪投资和在线申请贷款等。

银行提供网上服务已经成为一种趋势。据估计，2013 年我国网络银行市场整体交易规模达到 1 231.6 万亿元人民币。截至 2014 年年末，个人客户数达到 9.09 亿。这对银行开发和提高其网上技术无疑是一个有力的刺激，因为对银行来说，通过网络为客户提供服务比 ATM 机要便宜得多。

登录网上银行服务的方法

（1）互联网。使用标准网络浏览器（Internet Explorer），通过银行在互联网上的网址进入账户。

（2）个人理财软件。这些软件能够使你跟踪和管理你的个人金融信息，还能够与你使用的网上银行交流信息，如果该银行支持这样的链接的话。

（3）银行提供的软件。

个人网上银行有哪些业务功能

个人网上银行是指银行通过互联网，为个人客户提供账户查询、转账汇款、投资理财、在线支付等金融服务的网上银行服务。通过个人网上银行，客户可以足不出户就能够安全便捷地管理活期和定期存款、支票、信用卡及个人投资等。目前，个人网上银行业务主要包括以下几方面。

账务信息查询

客户可以对自己的账务信息，如账户余额、账务历史明细进行查询，并下载账务历史明细。

卡账户转账

客户可以实现自己的人民币卡账户之间的资金互转以及向同城（本地）的他人的借记卡或信用卡账户划转资金。

银证转账

客户可以实现自己的银行储蓄存款账户或信用卡账户与其在证券公司的资金账户相互划转资金，并可以查询自己在证券公司的资金账户实时余额。

外汇买卖

客户可以在互联网上根据相关商业银行提供的汇率信息进行买卖外汇、撤单及查询有关外汇交易信息等活动。

在线支付

客户在相关商业银行的特约网站上购物时，可以在线实时支付货款并获得银行反馈的有关支付信息。

客户服务

客户可以在线修改登录密码、修改各商业银行卡或存折信息以及修改网上银行客户信息。

账户管理

客户可以对本人在相关商业银行个人网上银行注册的账户权限、状态进行修改，比如更换自己的登录卡号、冻结及删除某些卡等。

账户挂失

客户的各商业银行卡或存折等遗失或被偷窃时可以在线对其进行本地挂失（非全国挂失）的操作。

网上支付是怎么实现的

登录卡是指客户，在办理个人网上银行开户手续时指定的网上登录卡，如招商银行的“一网通”、建设银行的龙卡、工商银行牡丹信用卡或灵通卡等，该卡的卡号用于登录个人网上银行和进行在线支付时输入，是辨别客户的标识符。客户在登录系统后可自行更换登录卡。

支付卡是指客户，申请开通在线支付功能时指定的如“一卡通”、龙卡、牡丹卡等，用于网上购物时支付货款。

工商银行的网上支付

例如某人在工商银行（ICBC）个人网上银行中注册了两张卡，一张为牡丹信用卡并开通了在线支付的功能（即支付卡），另一张为灵通卡。此人设定灵通卡为登录卡。则当他在网上购物被要求输入卡号时，应填入灵通卡卡号。如果此人不久后又将登录卡改换为牡丹信用卡，则当他在网上购物被要求输入卡号时，应填入牡丹信用卡卡号。但是在上述两种情况下，在线支付时被扣款的账户都是牡丹信用卡（即支付卡）。

客户查询B2C在线支付的交易状态时，系统提示“付款成功，未通知商户”是什么意思？

出现上述情况是在于网络或系统故障等不可预计的情况，银行和商户之间没有及时交换客户的付款记录。但客户不用担心资金受到损失，因为银行已保留客户的付款记录，会在问题排除后或定时向商户发出付款信息，商户也可在和银行对账时获知客户已付款的记录，从而完成交易。

客户对注册账户进行结冻或删除操作时应注意什么？客户如果处于某种考虑（如遗失、被窃等），可对开户注册的信用卡或灵通卡进行冻结或删除的操作。操作时应注意登录卡一旦冻结，就不能登录个人网上银行系统，需到本地提供网上银行开户服务的任何一家网点去解冻。其他卡被冻结则其所对应的全部功能将被冻结，重新开通需到提供网上银行开户服务的任何一家网点办理解冻，但是被冻结的支付卡支付权限可由客户在网上自行解冻。

客户对登录卡进行删除操作一定要慎重，一旦删除登录卡，将使客户资料从网上银行资料库中删除，客户将不能再使用个人网上银行系统。如果需要使用个人网上银行系统，就必须重新申请。

客户办理网上挂失后应注意什么问题

网上挂失，由于技术原因，各商业银行做法和有效性不一致。如招商银

行可以全国有效，而工商银行网上挂失只保证在开户行所在地的有效期内有效，要全国挂失还需去营业网点做正式挂失。如果是挂失灵通卡或存折，则到该行当地任何一家储蓄所都可办理，如果是挂失信用卡则必须到原发卡机构办理。

手机与一卡通结合出新的管钱办法

在日益繁忙的现代社会，为了更好地把握生活的脉搏和时代的节奏，人们在寻找更方便的方式获得各类信息和进行金融理财。招商银行与中国移动集团公司联合推出“手机银行”（Mobile Banking service）服务，帮助您灵活方便地进行个人财务管理，享受现代通信科技带来的快捷和便利。

银行卡与“手机银行”服务相结合的四大优势

（1）服务全面，覆盖广泛。在“全球通”网络覆盖和“全球通”漫游的区域内均可使用此项服务。

（2）功能强大，操作便利。招商银行“一卡通”、存折或信用卡客户均可使用，并提供“账户查询”“转账”“缴费”“证券服务”“个人外汇实盘买卖”“理财秘书”和“账户管理”等多种理财功能。所有功能均为中文菜单提示。滚动选择，无须记住命令编码。

（3）申请简单，手续方便。客户只需到中国移动集团公司、中国联通等公司的当地分公司指定营业厅申请开通“手机银行”服务后，即可使用。

（4）系统加密，安全可靠。系统采用严格的数据加密技术，既防攻破，又防截获，交易安全可靠。

“手机银行”功能简介

以招商银行为例。

（1）账务查询：可查询“一卡通”、存折及信用卡账户余额及最近的历史账务情况。

（2）多功能转账：可随时在“一卡通”、存折及信用卡之间进行资金转账；可将“一卡通”中的活期存款转为定期；还可在“一卡通”与券商保证金账户之间进行资金转账，方便您进行股票投资。

（3）缴费：可查询和缴纳手机话费、寻呼机费等各类费用。

（4）证券服务：可查询深沪两地证券行情并进行交易委托。

（5）外汇实盘买卖：可进行国际外汇行情的查询和外汇交易。

（6）理财秘书：可实时地将客户所需的各种账户发生信息、定期储蓄到期和证券成交回报等账户信息以手机短信方式提示客户。

（7）招行信息：查询经保存的各种手机银行操作返回信息。

（8）账号设置：可将常用的三个个人账户预先设置在手机菜单中，以方便平时使用。

巧用支付宝理财

支付宝最初作为淘宝网公司为了解决网络交易安全所设的一个功能，该功能为首先使用的“第三方担保交易模式”，由买家将货款打到支付宝账户，由支付宝向卖家通知发货，买家收到商品确认后指令支付宝将货款放于卖家，至此完成一笔网络交易。

2004年，支付宝从淘宝网分拆，独立成为浙江支付宝网络技术有限公司，逐渐向更多的合作方提供支付服务，发展成为中国最大的第三方支付平台。

支付宝是全球领先的第三方支付平台，成立之初即致力于为用户提供简单、安全、快速的支付解决方案。支付宝旗下有“支付宝”与“支付宝钱包”两个独立品牌。支付宝主要提供支付及理财服务，包括网购担保交易、网络支付、转账、信用卡还款、手机充值、水电煤缴费、个人理财等多个领域。在进入移动支付领域后，为零售百货、电影院线、连锁商超和出租车等多个行业提供服务。支付宝也可以在智能手机上使用，手机客户端为支付宝钱包。支付宝钱包具备电脑版支付宝的功能，如“当面付”“二维码支付”等。支付宝钱包主要在iOS、Android上使用。

支付宝转账

通过支付宝转账分为两种：（1）转账到支付宝账号，资金瞬间到达对方

支付宝账户。（2）转账到银行卡，用户可以转账到自己或他人的银行卡，支持百余家银行，最快 2 小时到账。推荐使用支付宝钱包，免手续费。

支付宝缴费

目前，支付宝公共事业缴费服务，除了水、电、煤等基础生活缴费外，其还扩展到交通罚款、物业费、有线电视费等更多与老百姓生活息息相关的缴费领域。常用的在线缴费服务有：水电煤缴费、教育缴费、交通罚款、有线电视费等。

支付宝服务窗

在支付宝钱包的“服务”中添加相关服务账号，就能在钱包内获得更多服务。包括银行服务、缴费服务、保险理财、手机通讯服务、交通旅行、零售百货、医疗健康、休闲娱乐、美食吃喝等 10 余个类目。

余额宝：每天都有收益

余额宝是支付宝打造的余额增值服务。把钱转入余额宝即购买了由天弘基金提供的余额宝货币基金，可获得收益。余额宝内的资金还能随时用于网购支付，灵活提取。

余额宝支持支付宝账户余额支付、储蓄卡快捷支付（含卡通）的资金转入，不收取任何手续费。通过余额宝，用户存留在支付宝的资金不仅能拿到“利息”，而且和银行活期存款利息相比收益更高。

余额宝的收益每日结算，每天 15 点左右前一天的收益到账。用余额宝消费或转出的那部分资金，当天没有收益。

余额宝每天的收益的计算：

当日收益 =（余额宝已确认份额的资金 /10 000 ）× 每万份收益。

假设你已确认份额的资金为 9 000 元，当天的每万份收益为 1.25 元，代入计算公式，当日的收益为 1.13 元。

银行卡中的资金可以通过网银和快捷支付进入支付宝账户。20 多家银行网银和 170 多家银行的快捷支付都能充值到支付宝余额。使用余额支付时基本没有额度限制，用户可以先多次充值再付款。支付宝余额还可随时提现，用户可以将余额提现至自己绑定的银行卡。

财付通：购物让腾讯来支付

财付通是腾讯公司推出的专业在线支付平台，其核心业务是帮助在互联网上进行交易的双方完成支付和收款，致力于为互联网用户和企业提供安全、便捷、专业的在线支付服务。

个人用户注册财付通后，即可在拍拍网及20多万家购物网站轻松进行购物。财付通支持全国各大银行的网银支付，用户也可以先充值到财付通，享受更加便捷的财付通余额支付体验。

财付通与拍拍网、腾讯QQ有着很好的融合，按交易额来算，财付通排名第二，仅次于支付宝。

使用财付通完成在线交易的流程如下。

（1）网上买家开通自己的网上银行，拥有自己的网上银行账户。

（2）买家和卖家点击QQ钱包，激活自己的财付通账户。

（3）买家向自己的财付通账户充值。资金从自己网上银行账户划拨到自己的财付通账户。

（4）卖家通过中介保护收款功能，选择实体或虚拟物品，如实填写商品名、金额、数量、类型提交。提交后系统将通知买家付款，买家付款以后，系统通知卖家发货。

（5）等待卖家发货。实体物品此时可以点击“交易管理”查看交易状态，虚拟物品请查收Email，状态以邮件为准。

（6）财付通向卖家发出发货通知。

（7）卖家收到通知后根据买家地址发送货物。

（8）买家收到货物后，登录财付通确认收货，同意财付通拨款给卖家。

（9）财付通将买家财付通账户冻结的应付账款转到卖家财付通账户。

（10）卖家提现，卖家只需要设置上自己姓名的银行卡就可以完成提现，

没开通网银的卡也可以进行提现。

P2P：借贷的网上交易

P2P 又叫 P2P 借贷，是 peer-to-peer 或 person-to-person 的简写，意思是个人对个人。P2P 是一种将非常小额度的资金聚集起来借贷给有资金需求人群的一种民间小额借贷模式，是个人通过第三方平台 P2P 公司在收取一定服务费用的前提下，向其他个人提供小额借贷的金融模式。

P2P 是个人与个人间的小额借贷交易，一般需要借助电子商务专业网络平台帮助借贷双方确立借贷关系并完成相关交易手续。借款者可自行发布借款信息，包括金额、利息、还款方式和时间，实现自助式借款，借出者根据借款人发布的信息，自行决定借出金额，实现自助式借贷。

P2P 有以下两种模式。

第一种是纯线上模式，是纯粹的 P2P，在这种平台模式上纯粹进行信息匹配，帮助资金借贷双方更好地进行资金匹配，但缺点明显，这种线上模式并不参与担保。

第二种是债权转让模式，平台本身先行放贷，再将债权放到平台进行转让，很明显能让企业提高融资端的工作效率，但容易出现资金池，不能让资金充分发挥效益。

P2P 模式撮合的是个人与企业的借贷。专家认为，P2P 互联网小微金融模式的优势是面向具有还款能力和还款意愿的优质中小企业。

独具特色的淘宝理财

淘宝理财是小微金融服务集团（筹）搭建的综合开放式理财平台，由小微集团理财事业部运作。

淘宝理财平台搭建在淘宝网上，以服务普通网民群体的理财需求为宗旨。

入驻淘宝理财的理财机构包括保险、基金、银行等，提供包括基金产品、保险理财产品以及银行理财等丰富多样的理财品种。

消费者可以在淘宝理财上实现如淘宝购物般的理财选择，从筛选理财产品、购买交易以及后续管理，均可在平台上完成。

同时，淘宝理财也秉承小微集团的开放性，引入如招财宝等别具特色的理财机构，在传统理财产品之外，向互联网网民提供定制化、特色化的理财产品。

第 17 章 全民消费时代的省钱之道

量入为出，有计划地花钱

俗话说“钱是人的胆”，没有钱或挣钱少，各种消费欲望自然就小，手里有了钱，消费欲望立马就会膨胀。所以，月光族要控制消费欲望，最好能对每月收入和支出情况进行记录和“监控”，防止不必要的消费。

掌控预算，抵制诱惑

可以采用非常实用的“信封”花钱法，就是把各项必需的开支事先作出预算，如买衣服时只能动用“服装”信封里的钱，外出就餐时只能使用“外食”信封里的钱，专款专用，保证不超过预算，就不会月光。也可以在心理上设道防线，要求自己只能动用每个信封中的 80%～90% 的专用款，到月底有了节余，会很有成就感。

还有就是抵制各种优惠促销的诱惑。买 100 送 50、五折优惠、积分贵宾卡等越来越煽情的诱惑使不少年轻人患上了“狂买症”。对于月光族而言，这种看似优惠的消费一定要克制，告诉自己“想要”和“需要”不是一回事。

强制储蓄，逐渐积累

每月发了工资，先拿出 5%～20% 存入银行，包括储蓄或投资基金等都可以。另外，现在许多银行开办了灵活的储蓄业务，比如可以授权给银行，只要工资存折的金额达到约定的数额，银行便可自动将超额部分转为定期存款，这种强制储蓄的办法，可以使你改掉乱花钱的习惯，从而不断积累个人资产。

自己动手，丰衣足食

如今，吃快餐、吃饭店是一些单身族的通病，其开支有时占到月收入的三分之一还多。建议单身族学习烹饪常识，下班时可以顺便买点自己喜欢的青菜或半成品食物进行加工，既达到省钱的目的，又练了手艺，享受了“自己动手，丰衣足食”的人生乐趣。

慎用信用卡，避免多开支

“轻轻一刷卡，人生更潇洒”的表象往往掩盖了过度消费的事实，特别是对花钱无度的月光族来说，信用卡更需慎用。

小钱不可小瞧

从前，有一个地方小县的皂史，掌管县衙的钱库。这个家伙每天从钱库出来的时候，都要拿一枚铜钱，夹在帽檐里，偷偷地带回家。几十年来，都是这么干的，一直没被发现。

这一年，新换了县官。这个县官比较正直。有一天，这个新县官发现那个皂史偷偷地把铜钱放在帽子里带回家。他就注意上了那个皂史。后来他发现这个皂史每天都要偷钱。

有一天，当那个皂史刚想偷钱的时候，被县官当场逮住了。

县官说：“你偷钱，给我关进大牢，按贪污罪问斩！”

皂史一听，大喊冤枉。说自己只拿了一枚铜钱而已。

县官说：“一日一钱，千日千钱！你当了几十年的皂史，你说你偷了多少钱了！”

皂史一听，低下头不说话了。

这个故事说明什么呢？说明任何微小的金钱，长久积累都是一笔巨大的财富。

我们现在大多数人的收入都是很低的，所以坚持长久的积蓄，每个月坚持存上一笔钱，哪怕是100元，50元，都十分重要。

有时候满地都是钱，你要做的只是弯下腰，把它捡起来。来得容易，我们就是这样形容的，而且如果你知道如何寻找，会找到许多钱。真的，也许要花一点时间和知识，但是相比早晨六点钟从热乎乎的被窝里爬起来，而外面只有零下二十度，而且漆黑一片，这些都是小事。

家庭开源节流十法则

理财中开源和节流是不可偏颇的，这就像人的腿一样，左右都很重要。每个家庭都要结合自己家庭的实际情况处理好这两方面的关系。

节流的细节很多，大概说上几条。

（1）尽量在家吃饭，干净、实惠。

（2）尽量坐公交，环保、节省。

（3）衣服买品牌，要看时机打折，并且买大方的样子，耐穿、有档次。

（4）少用手机，花费少、辐射小、健康。

（5）护肤品只买对的不买贵的，不要跟风，相信自己。

（6）充分利用网络资源，在网上观看正版电影。

（7）不好面子，坚持自己，不要为自己的虚荣心花钱，比如看别人穿皮草，你也要买。

（8）节约用水用电，这不仅是抠门，这是环保的大事情，假如我们每个人都从自己做起，将为家庭节约一笔不小的开销。

（9）超市购物有计划，省时间，又不会乱花，有卡的朋友不要以为这不是钱就乱买哦，可以充分利用这些卡买小电器。

（10）包装买小不买大，现在家庭成员都少，大的用不完、吃不完，浪费。

不打车不血拼，不下馆子不剩饭

“我赚钱啦！赚钱啦！我都不知道怎么去花。我左手买个诺基亚右手买个摩托罗拉。我移动联通小灵通一天换一个电话号码呀。我坐完奔驰开宝马，没事洗桑拿吃龙虾。”

这首打油诗曾经在网上风靡一时，还被作为很多手机的彩铃。但现在，流行的是另外一首诗：“不打的不‘血拼’，不下馆子不剩饭，家务坚持自己干，上班记得爬楼梯。”

这是一首被“酷抠族”奉为行为准则的打油诗，也迅速引起了人们的共鸣并迅速成为城市里的新时尚。“酷抠族”的典型行为还有：再忙再累在家里宴客；“坐11路”步行上下班不变；美容就是早睡早起外加白开水八杯等。

“酷抠”说的是一种抠门，却是一种褒义的“抠”，因为其崇尚的是“节约光荣，浪费可耻”。“酷抠族”并不是贫困族，也不是守财奴，他们具有较高的学历、不菲的收入。“酷抠族”精打细算的目的不是吝啬，而是一种节俭的行为方式。

而他们节俭的目的又不是单纯的节俭，而是一种转移重点的消费，也就是不花钱是为了以后把钱花到点子上、更好地花钱、花出质量和效益，用“有数”的金钱，换来更科学、更高质量的生活，这种在不影响生活质量的前提下用最少的钱获取最大的满足，强调花费所获得的价值远远超过花费本身的理性消费和生活方式，无疑是一种科学的时尚和流行。

当富豪榜不断地吸引我们眼球的时候，在攀比的逻辑下每个人都难免会出现挫折感。这个世界，金钱如过眼云烟，欲望如同无底洞。对财富的迫切渴望，让现代人丢失了不少生活的本真，也让现代人充满了浮躁和焦虑。在经历了追逐财富的乏味之后，“酷抠族”渴望让生活变得简单简单再简单些，进而用简单生活节约下来的时间和金钱，过一过自己想过的生活，找到一份心灵上的安慰。这才是对幸福本质上的理解。享受生活并不等于享受物质。

“乐活族”强调健康、绿色的生活。“酷抠族”强调简约而不简单的生活。相同的是，他们都指向了幸福的生活。让我们一起加入这些“少数民族”吧。

谨慎购买流行商品

流行的不一定是永恒的，记住这一点我们就可以理智地对待流行商品。流行商品一般指本年度或本季流行和时髦的商品，多是衣服、鞋类、饰物和一些日用品。盲目追赶潮流，购买大量的流行商品有一些弊端。

流行商品大多是时尚产品，既容易流行，也容易过时。流行商品一旦过时，就会失去其魅力，随之降低或失去其使用价值。

流行商品大多款式新颖、别致，刚推出的时候非常具有诱惑力，价格会很高，而一旦流行风退却后，价格会猛跌。

流行商品之所以流行，是因为它迎合了大众的口味，所以过于大众化，穿用起来缺乏个性色彩。如果你十分注意个性风格，这种商品一定要回避。

某种商品一旦流行，就会被大量仿制，其中不乏粗制滥造者，令人真假难辨，消费者购买时稍不注意就会买回劣质假冒货。

所以，对于大规模流行的商品，选购时一定要慎重考虑，尤其是在准备怀孕期间，切忌盲目追赶时髦的心理，因为怀孕和产后，身体会有很多变化，流行衣物买多了，会造成不必要的浪费。

谨慎购买打折商品

季末（夏季货品6月~8月，冬季货品12月~次年2月）、周末、店庆、节日……摸清每个牌子的打折习惯，一些常年不打折的品牌具有保值性，只要看好，随时可以买；一减再减的牌子，8折、9折可以再等等；一般太常见的尺码，7折时便要动手了；选择大商场、名牌店，质量有保证，还能以打折价享受名牌设计。

适合自己及家人的风格、体型的款式，应当早就心中有数，在购买时要注意服装吊牌上的成分和价格，有时有些商品即便打三折，但因底价高，依旧不划算。

高档服装如皮装、羊绒大衣、西装等，不会一两季便淘汰，趁打折时选择适合个人风格的基本款式，可以穿好几季；“百搭款”衬衫、毛衣、T恤、牛仔裤等，无太多时装感，可趁打折多买一些；名牌店的围巾、手套、丝巾、皮带、钱包等饰物，只要设计风格适合，可多用两季，不易淘汰，可趁打折买进；套装最好买整套的，同一品牌推荐的一套完整搭配，一般是最精彩的。

季末打折前先注意下季流行趋势，选择颜色、款式时就会有超前眼光；考虑自己缺哪方面的服装，选择时有方向性。

其他如“食”“住”等方面同样可以大打折，“食”的方面，参照“十五的月饼十六买”，“住”的方面，参照“买头买尾”等购物方法，讲究点儿打折艺术，你一定会是赢家。

但是，在购买“打折”商品时，消费者要注意以下几点。

购买打折商品要保持理性购物的心态

在选购商品时，不要单凭价格决定消费，要注意商品的内在品质，精挑细选后再决定购买，另外，也要注意商家出具的打折商品发票的内容，因为如果商家在发票上标明“处理品”字样的，按照我国的法律规定，处理商品是不享受“三包”售后服务的。

购买打折商品务必提高警惕

有的商家把商品的原价提高了几倍，再以打折的名义销售，甚至以所谓的“跳楼价”“破产价”之类极端措辞引诱消费者上钩，从中赚亏心钱，顾客以为捡了便宜，结果还是上当买了高价货物。

购买打折商品要注意提防“最后一天”的诱惑

有的商家以虚假的打折诱导消费者，在打折的后面加上“最后一天”的注脚，以哄骗消费者，其实你第二天，第三天……再去，那“最后一天”还是没有过去，“最后一天”成了“天天都是最后”。

在节假消费期间要注意提防“买一送一”等类似的陷阱

这种宣传有很多带有格式条款性质的虚假宣传，真正给予消费者实惠的并不多，有的只是为了诱导消费者购买其所销售的物品。在现实中，具体表现为有的“买一送一”要求消费者购买的物品是大件商品，但是赠送的只是不值钱的小商品，更有甚者赠送的只是塑料袋，称这是他们为方便消费者提运商品的“赠一”，令消费者啼笑皆非。还有的“买100送30”等，送的是

购物券，目的是让消费者循环购物，最终受益的还是商家。

在购买反季商品时要注意选择，保证品质后再决定购买

因为我国法律规定的三包期的起算日期从购买之日算起，而消费者在购买反季商品后，一般当时是不使用的，等使用时出现问题，虽然才使用不长时间，但是从购买算起已经超出了三包期，致使自身合法权益不能得到有效的保护。

避免冲动性购买

这里要特别提醒消费者注意，要避免冲动性购买。所谓冲动性购买，就是指那些没有经过充分了解、比较，也没有经过慎重考虑，看到别人买自己也去购买，或被一些夸大的宣传所欺骗，一时感情冲动而去购买商品的行为。如何避免冲动性购买呢？这就要了解我国市场的现状。目前，电视机、电冰箱、收录机、洗衣机等产品，有的市场上还供不应求。一些不具备生产条件的企业为了赚钱，生产假冒伪劣商品，坑骗消费者。对这些情况，消费者要充分估计到，提高警觉，注意鉴别，不要被夸大其词的广告宣传所迷惑。否则，凭一时的冲动，购买了质量差的商品，过后维修又不保证，那将会带来许多烦恼。避免冲动性购买的另一个办法，就是要学点商品知识。比如，家用电器的价格一般都是国家统一定价，不是处理品的一般不会以低于国家牌价售出。因此，如碰到什么“优惠”“降价”等宣传广告，就要注意鉴别，千万不要为贪图小便宜而匆忙购买。同时，具备一定的商品知识，对消费者在鉴别商品的质量方面也是很有帮助的。

每当面对购物冲动，一般应根据下列思考过程进行决定。

1. 我是否真的需要或是想要这件东西?

是。（跳到问题2）

否。停。什么都不要买。例如，彩票、万圣节的大南瓜垃圾桶、白煮蛋切排片器等。

2. 能等一会儿再买吗?

否。（跳到问题3）

是。停。等一会儿，然后重复问题1和2。例如，等完成任务之后再买奶酪。通常这时我已经忘记了，或者时间已经来不及了。

3. 我是否已经拥有类似的东西？

否。（跳到问题4）

是。停。用那件我已经有的东西就可以了。例如，将香蕉面包切片，单独冷藏，拿到办公室去，就不用购买面包圈了。

4. 我是否真的很想要这个东西，甚至愿意延迟我们达到经济自由的过程？

是。（跳到问题5）

否。停。不要买。买了它可能会更好，但是我不至于想延误我们的目标。

5. 我是否能够买类似但是更便宜的东西来代替？

不。（买吧）

是。买便宜的替代品。例如，用大卷的白色手工纸和彩色缎带来代替包装纸；用明信片来代替信封、文具和邮票。

通过实践，这种思考过程仅需要一秒钟。但是，这真的能让人们经过商店的时候少花了很多钱。但是广告令人难以抗拒。它们不断以新的方式出现，诱惑人们去买那些小玩艺、装饰品和令人喜爱的小东西。于是，理智的人们喜欢这些新颖的小东西，更倾向于自己当时的心情和最后的决定。

用手机打电话省钱有窍门

用手机打电话如果注意利用一些省钱小窍门，日积月累下来，能够帮你省下不小的一笔钱。

充分利用短消息业务

按中国移动现行收费标准，一条信息无论发往本地或是外地甚至国外，均只需发送方支付0.1元，而接收方不需付费。

用手机拨打IP电话

只要你在拨打长途电话号码前加拨一个5位数的IP电话接入号，最高能

省下 2/3 的话费。联通接入码为 17910，移动接入码为 17951。

使用呼叫转移

近年来，中国移动开设呼叫转移业务。2012 年 12 月 1 日起，中国移动实行呼叫转移资费“一费制”，具体规定如下。

非国际及港澳台漫游时，无条件呼叫转移和有条件呼转资费标准：

呼转至归属地 0.1 元 / 分钟，呼转至非归属地 0.6 元 / 分钟。

国际及港澳台漫游时，呼转资费标准：

（1）无条件呼叫转移，呼叫转移到归属地 0.1 元 / 分钟，呼叫转移到非归属地 0.6 元 / 分钟。

（2）有条件呼叫转移，漫游拜访地的被叫漫游费 + 漫游拜访地至前转地的主叫漫游通话费。

比起直接用手机接听，呼叫转移可以省下 3/4 的费用。

使用手机储值卡业务

每月通话 250 分钟的情况下，“神州行”与“全球通”资费持平，而低于 250 分钟则“神州行”更优惠。

如何降低私车开销

汽车和其他家庭耐用消费品不同，买进时固然要大大花上一笔，买进后汽油费、过路费、维修费等也是一笔接着一笔，如果没有交通意外，每月也要花上一两千元。所以如何科学合理，而且是良性地节约开支，将成为当家人在汽车消费时代的一大难题。

保险费

保险这一块虽说比较固定，但还是有节省余地。在买保险之前要了解车型当年的市场价格，由于汽车价格每年是不同的，而车损险保费是以当年的价格乘以保费计算的。所以，在每年投保时，别忘了查询你的车价降了多少。第三者责任险，因为不同档次的赔偿限额差距较大，而相应的保费差距却很小，所以，车主在选择时，可相应地提高一个档次。一般地，5 万元可应付一些小事故；10万元可应付一般的事故；20万元则可高枕无忧。建议你最好选择20万元，不计免赔责任，这样选择的好处一是在事故处理时，可以避免很多不必要的纠纷和支出；二是保险公司会给一定优惠。如果你的车不太新的话，盗抢险可以不买，但晚间停车不能掉以轻心。

另外最好能够参加汽车俱乐部等团体组织，在交纳汽车保险费时可以享受到极大的优惠，甚至是4～5折优惠。

汽油费

“中国石油”的油价每升便宜0.1～0.5元，但加油站少，所以平时要多留心，注意其分布位置，以便今后顺路加油。

另外，在出行前，应选准路线，避免走弯路、逆行路和易堵塞的道路而浪费燃油。养成良好的驾驶习惯，保持直线行驶，莫因路面小障碍多左右打方向而增加行驶阻力，也不要忽快忽慢，以提高燃油的经济性。如果要去的路段属于车辆拥堵严重的市中心，可以考虑选择地铁等其他快捷的交通工具。

过路费

过路费是明码标价的，但只要做个有心人，平时多留心也能节约不必要的开支。如上海赴江苏昆山，从地面国道走，跨省收费30元，而直接从路面情况好得多的高速公路走，省油省时还省钱，只要15元。回程如果能够走国道，又可以免去15元高速公路费，来回总共15元就搞定。沪宜公路刚修好时要收费，而现在免费了，所以如果你要去南翔古猗园踏春，那不妨放弃高速公路，走沪宜公路就能省下来回20元的过路费。

停车费

停车的相关开支是用车一系列开支中比较容易调控的一项，但也是花销较大的一项，如在上海商城停车，1小时就要20元。有人可能不交停车费，以为只要随意地停在人行道上或是路边的非停车区就行了。其实如果在市中心随意停车，就要小心破财了，除非在晚上12点过后。

有位老兄曾在马路上停过3次车，因为他看见别人都在那里泊车也没出问题，可是他偏偏运气不佳，3次里有2次给贴上了抄报单。如果运气再差点，可能被拖车，要想领车，还要交拖车费，得不偿失。

所以尽量不要乱停乱放，确定几个便宜的停车场作为自己固定的停车处

是比较可行的办法。

维修保养费

为了减少日后维修方面的大笔开销，花些功夫，投入一点，对汽车进行定期保养还是很必要的。除了一些内部检查，还要经常关心轮胎气压是否正常，5 000～6 000 千米进行轮胎换位，要知道报废一个轮胎就要损失 500 元左右。

另外更换下的一些零部件和每次加剩的各种油液要保存好，以便下次急需时用。

修车时如需要更换零配件，最好自己去配件商店买。选购配件时，要货比三家，同时不忘打折。利用季节差备一些易损件，如冬季易损件夏季买，夏季易损件冬季买。

维修点最好相对固定，一来质量有保证，二来可以讨价还价。一些路边维修点价钱虽便宜，但配件可能是假冒伪劣，技术也不到位，尽量不要光顾。

此外，为了减少不必要的开支，开车还要遵守交通规则，以免违章或发生交通意外。

节日消费省钱的小窍门

下面教你几招节日消费省钱的小窍门。

巧妙购物

尽早开始购物的比较。你可以进行价格的比较并且利用提前消费的方法。

不要仓促购物

当你急需某样东西的时候，你很可能用较高的价钱买了并不是很中意的那一种。为了在购物时避免拥挤的现象发生，最好是在每天的早上或是在每周一或是周二时购物。

设置一个现金购物的限度

当超过这个限度的时候就停止购物。

购物结束了，马上回家

越能抵御购物商场的诱惑，你就会越少地购买没用的东西。最好的方法是始终按照购物的目录或是在线的条目进行购物。

尽早地进行旅行安排

这样你可以享受便宜的车票和打折的房间。

尽早购物

你将可以避免匆忙购物。如果你在购物之前把要买的商品列一个目录，当运输费用有很大的改变时，可以通过订货单来得到较好的价格。

制作你自己的礼物

通常艺术和工艺制品可以用来烧制小玩意儿，如瓶子等。也可以制作或是购买特别的包装，可以把廉价的礼物做成精美包装。

注意气候的变化

当冬季到来的时候，储藏一些削价的诱人商品。根据季节的不同储存廉价的食物。比如，在节假日时烤制食品的价格通常比平时要低15% ~ 30%。

用较少的钱招待客人

在聚会时采用AA制的方式结账；在家招待客人时可以用家常便饭、野餐，或甜点等聚会来代替昂贵的晚宴聚会。

发送免费“虚拟”的祝贺卡

这种通过网络发送的丰富多彩的信息不会花费你一分钱。

节假日过后再购物

这样做可以使你为明年的节日装饰和贺卡节省大量的钱。

节日花钱无怨无悔

当假日经济火爆的时候，作为构成主体之一的消费者，他们的感受、他们的作用往往为人们所忽略。“国庆”“春节”的长假中，消费者扮演了一种什么样的角色呢？

仔细观察，在商场熙熙攘攘的人流里，你会发现一些人与众不同。有的高声嚷道：“这和俺们老家的百货大楼差不多。”有的则嘟囔一句：“我们那儿的一百也有。”显然，这是一些外地游客。据业内有关人士介绍，节日

期间，外地游客购物竟成了一支生力军。据北京某商场粗略估计，外地游客购物增加了20%以上。

上海某管理学院的教授对消费者的这番心理进行了分析。他指出，假日经济火就火在吃透了消费者心理。一为从众，二为心理上的愉悦。消费者往往是通过购物、休闲来满足自己的快感。

据统计，不少城市的节日消费，如广州的娱乐文教类支出增长近10%，交通及通讯类支出增长12%，居住类支出增长21%，家庭设备类支出增长44%，医疗保健类支出增长最大，接近70%。

有意思的是，节日期间，鲜花成了许多市民生活中不可或缺的一部分，家居装饰、走亲访友，很多人都不忘买上一束鲜花。

根据黑龙江省民航货运部门的反映，冬季哈尔滨市场上销售的鲜花大部分是由广州、昆明空运来的。每年春节，空运鲜花较上一年同期有所增长，有时增长30%，最多一天到货10万余支。在一些鲜花店，买花的市民络绎不绝，几位店员忙着为顾客插花篮、打花束。

在全国各地，无论是城镇还是乡村，节日里畅销的何止是鲜花，何止是哈尔滨在做空运鲜花的生意?

假日消费让银行卡“唱主角”

自从国务院调整节假日时间后、假日经济成为我国经济的重要亮点，仅“五一”“十一”“春节”三个假期一年就达17天，人们旅游的热情空前高涨。假日经济的升温，不仅给火车、汽车、旅馆等行业带来无限生机，也给其他行业带来好运。

众所周知，旅游者在旅游的同时，最为担心的是两个字“安全”，即“人身安全”和“钱的安全”。“人身安全”只要自己处处留心就行了，可“钱的安全”除了警惕小偷外，如此多的钱应放在什么地方最为安全呢？这就需要银行站出来“唱主角”，发挥“银行卡”的作用了。

随着我国加入WTO，市场竞争更加激烈，外资银行进入国内后，将为客户提供科学、便利、安全等消费品种供市场和客户选择。因而假日经济无论在国外、还是在国内都是热门的行业，也是各家商业银行必争之地，作为银行来说，通过创新"银行卡"服务品种，供客户选择，提高服务水准，完善现有网络等，"银行卡"是迟早会成为假日消费的好"主角"的。

假日消费银行卡成为好"主角"的理由如下。

（1）持卡人办理手续将越来越方便。

（2）通用性越来越强。国内银行系统正在研制一种"银行卡"，在任何地方都能通用。在研制这种网络时，最好能考虑与国际接轨，因为出国旅游的人数日益上升。

（3）银行正在创新"银行卡"以外的旅行支票。旅行支票不仅便于携带，而且消费者可以针对情况变化随时消费。当然，旅游支票要限额，以防银行资金风险。

（4）旅游景点的服务范围正逐步扩大。各旅游景区在增加景点旅游商场、大宾馆服务的同时，还在扩大旅游闹市区、购物区等场地的服务，这些主要以建立自动柜员机进行 24 小时服务为主。

（5）银行特约商户正随着市场变化而增加。银行不仅限于把大都市商场、大宾馆作为银行的特约商户，还正在把各类旅行社、旅行团体作为特约商户，以扩大"银行卡"发行范围。

（6）银行正在进一步确实加强管理。除强调要有一流的服务，还强调要有过硬的服务设备，使广大客户使用"银行卡"真正享受到快捷、便利、安全，让旅游者微笑而来，微笑而归。

出外旅游如何省钱

据有关部门的一项调查显示，我国大中城市居民中，约有 15% 的人有假日旅游意向。旅游作为一种新的生活方式，正在被越来越多的普通市民所接受。文化旅游成为一种新的假日生活方式。

在旅游中，只要你学会精心计算，完全可以做到既节约而又不影响旅游

质量。

利用时间差节约

如果你不想花太多的钱，又要旅游好，那么首先要善于利用时间差去节约。一是避开旺季游淡季。一般来说，一个景点有淡季和旺季之分，淡季旅游时，不仅车好坐，而且由于游人少，一些宾馆在住宿上都有优惠，可以打折，折扣可达50%以上。在吃的问题上，饭店也有不同的优惠。因此说，仅此一项，淡季旅游比旺季在费用上起码要少支出30%以上；二是计划好出游和返回的时间，采取提前购票，或同时购返程票的方法。如今一些航空公司为了揽客已作出提前预订机票可享受优惠的规定，且预定期越长，优惠越大。与此同时，也有购往返票的特殊优惠政策。在预订飞机票上如此，在预订火车、汽车票上也有优惠。如预订火车票，票买得早，可免去临时去售票网点买票的手续费用；三是在旅游时，要精心计划好玩的地方和所需时间，尽量把日期排满，因为你在旅游区多待一天就要多承担一天的费用。

巧选旅馆省费用

出外旅行，住的旅馆好坏将影响旅游质量，也影响到费用的支出。那么如何才能住得好又住得便宜呢？首先可在出游之前打听一下要去的地点，是否有熟人介绍或自己可入住的企事业单位的招待所和驻地办事处。如果有就首选这些条件较好的招待所和办事处，因为大部分的企事业单位招待所和办事处享有本单位的许多“福利”，且一般只限于接待与本单位有关的人。住在这种招待所和办事处里，价格便宜，安全性也好。当然在选择这些招待所和办事处时，也要根据位置决定，如果不便出行则不可住。二是在企事业单位招待所和办事处没有适合自己的情况下，就该把眼光瞄准旅馆，在选择旅馆时，要尽可能避免入住在汽车站、火车站旁边的旅馆，可选择一些交通较方便，处于不太繁华地域的旅馆。因为这些旅馆在价位上比汽车站、火车站旁边的旅馆要便宜得多，而且这些地段的旅馆还可打折、优惠。如今城市出租车发展快，住远一点没关系。

善玩也可减支出

出门旅游，玩是一个最主要的目的，而且在玩上省钱是大有必要的。那么，如何省钱呢？首先对自己旅游的景区要有大概的了解，从中理出这个景区最具特色的地方在哪里，必须要去的地方又在哪里。这种具有特色的地方一定要去。在去观赏这些地方时，对一些景点也要筛选，重复建造的景观就不必去了，因为这些景点到处都有。其次是在旅游时，更应拿出一点时间，去逛大街，看看景区和城市的风土人情，因为这么闲逛不需要花钱买门票，但这样一玩，却能玩出好心情，因为它可以长知识，也可以陶冶性情。

购物莫花冤枉钱

传统的旅游观念中，有一个旅游购物的爱好，有些人往往在旅游中的“游”花费不大，却为购物花去一大笔。那么如何不花冤枉钱呢？首先是在旅游中尽量少买东西，因为买了东西不便旅行，而旅游区一般物价较高，买了东西也并不合算。同时值得注意的是，勿买贵重东西。一些旅游区针对顾客流动性大的特点，在出售贵重商品时，往往用各种方法出售假冒商品。如果买了这些贵重商品，游客一旦回来后，发现上当了也因为路远而无法理论，只得自认倒霉。当然，到一地旅游也有必要购些物品，一是馈赠亲朋，二是作纪念。那么购什么好呢？一般只是购买一些本地产的且价格优于自己所在地的物品。这些物品价格便宜，又有特色。

旅游的开支多且广，其节约办法也较多，一旦您去旅游，可根据自己的实际去进行节约。节约有方，又可增加旅游次数。

网购省钱秘籍大搜罗

似乎一夜之间，网购成了风靡办公室的时尚行动。大家都是上网买东西，办公室里的女人们怎么都想不通，机灵鬼李晶总能够花更少的钱买到更多的东西，就连出去吃饭，李晶也能比别人便宜。在大家的“严刑逼供”下，李晶终于招架不住，传授了她的网购省钱秘籍。

秘籍一：比价软件淘实惠

“精打细算是小女人本色，平时逛街买东西都知道货比三家，网购也是一样的道理啊！”李晶一句话点破天机，并强烈推荐大家下载比价系统软件。

网上比价系统能通过互联网来实时查询所有网上销售商品的信息，特别

适用于图书、实体工具等品牌附加值较低的商品，想知道某件东西在各大网站上的价格，只需在搜索栏里打入商品名称，点击查询就一目了然了，货比三万家也不难。

秘籍二：上折扣网

上折扣网购物能省 10% 的花费，很多人不相信，可经过李晶的介绍和自己的亲身体验，大家才心悦诚服地点头："真的哦！"

其实道理很简单，大部分网上购物网站，在其他网站上做广告，在该网站有用户购买时，会给该网站一个以销售额计算的佣金（这就是按效果付费的广告），而网购折扣网不一样，它把这部分佣金还给用户。

网上购物一族通过"网购折扣网"的合作网站链接到合作网站购物，可以获得"网购折扣网"赠送的积分。购物积分，就是在网购折扣网合作网站购物，网购折扣网按购物金额算积分，积分可以兑换礼品及现金（1 000 积分 =10 元人民币），达到 6 000 积分即 60 元，即可申请兑换现金。

李晶还提醒我们每次都要通过网购折扣网提供的链接访问相关购物网站，如果直接点击，是没有积分的。

秘籍三：积攒电子消费券

吃饭怎么也能省钱呢？面对大家的疑问，李晶喜滋滋地从口袋里掏出一大叠打折券，肯德基、巴西烤肉餐厅、老山东牛杂……各式餐厅应有尽有。大家正惊讶李晶从哪里蹭来这么多打折券，她就已经打开肯德基网给大家示范了。

首先在肯德基网上注册成会员，然后就能随意下载打印打折券，"凭券消费能够省五六块钱，不要小看哦，一个月下来也许能省几十块钱呢！"李晶说。而电子消费券就更厉害了，像当当网经常会友情赠送电子消费券，面额在 20 元 ~ 50 元不等，买本好书绰绰有余了。

秘籍四：以物换物

自从曲别针女孩在网上火了之后，越来越多的人动起了以物换物的脑筋。不过这回慷慨献计的不是李晶，而是我们的化妆品达人小高。

小高购买化妆品的速度让人叹为观止，瓶瓶罐罐的小样也有一大堆，放着浪费送人又舍不得，恰好上网闲逛时看到有一个换物网，注册成会员后就能发布自己要交换的物品信息，小高尝试之后不久，她桌子上的小样慢慢变少了，多出了音箱、鼠标、mp3……

做了一段时间的换客，小高颇有心得："换物时要保证良好的心态，不能以换的东西值多少钱去衡量，而要看那东西你需不需要，或者你有没有这个时间和精力去购买。"不过小高的收获是办公室同仁有目共睹的，以物换物，没准还真能曲别针换栋别墅呢！

秘籍五：充分利用免费资源

网络资源无奇不有，关键看你怎么用。随着省钱计划的展开，人们纷纷谈起自己的心得体会，得出最重要的一点是：充分利用免费资源。

打网络电话。小朱的男友在外地工作，两人每天虽然有绵绵不尽的情话，但小朱的电话费却没有因此而水涨船高，原因在于他们用的是网络电话。

看免费电影。汪汪提供的则是一个电信网通都能下载的看电影软件，据她的经验，只要下载安装了此软件，就能进入这个社区看正版的电影和电视剧了，更新速度很快，而且安全无病毒。

下载电子杂志。化妆品达人当然不会放过时尚杂志了，但动辄二十几块钱累积起来也是不少的一笔花费。最后算算，还是上网下载免费的时尚杂志来得合算。

秘籍六：网上申购基金可节省四成费用

近来，多家基金公司相继推出了基金大比例分红、优惠申购促销的业务。在优惠活动结束后，投资者是否还有其他渠道或方式优惠申购基金？经过调查，投资者通过网上申购基金，能节省四成申购费用。

通过基金公司或者部分银行的网上交易系统，投资者在注册开户后，即可足不出户进行基金申购赎回等各种交易，同时申购费率不高于六折。

交易成本和交易便利是基金网上直销受投资人欢迎的重要原因。网上直销的申购费最低可有5折，投资者利润空间就会增大。同时，通过网上直销渠道还可以进行基金转换，同时享受更低的转换费率。另外，通过网上直销可以实现一年365天、一天24小时的全天候、多方位基金交易服务，客户可以随时查询、下单、撤单以及进行基金转换和定期定额申购，非常适合上班族们在八小时之外从容进行投资。

上网省钱妙招

眼下，上网的诱惑令人无法拒绝，但昂贵的网上消费又使网迷们心疼不已。如何节省上网费用，是网迷们普遍关心的问题。笔者建议你不妨从以下几个方面做起。

充分利用书签功能，可以节省输入网址的时间。你可以根据自己的需要和爱好，创建若干子书签夹，便于分类探索。以某浏览器为例，具体操作是打开书签编辑窗口——go to Book-marks，在按照你在子书签夹之下再建深层书签夹。你还可以利用属性对话框，将其名称改为便于记忆的文字。

你的学习和工作中最需要和最感兴趣的内容，都在哪些网站中能够链接到，记下来，下次再用这些内容的时候，你就不至于满世界乱找而浪费时间了。

当你在网上窜来窜去，窜了很多地方，突然又想回到起始或曾经到过的站点时，若一屏一屏地返回，要浪费很多时间，这时你可以点按“地址”的下拉按钮，在下拉菜单中，记录着你本次上网走过的所有站点，只要点开你要去的网址就行了。

由于图形传输总比文字传输慢得多，因此你在打开一个网页时，不必等这个网页的文图内容全部显示在屏幕上，估计文字传输得差不多了，就按下“停止”钮，从中查找你要链接的网页，这样就可以省去很多不必要的图形传输时间。

篇幅较长的文章，可先将其存盘，下线后再阅读；发送电子邮件内容较多时，可离线写好，上网后利用“附件”发出。参加离线讨论组，多用离线浏览器，可在离线浏览情况下获得大量的网上信息。

上网时间要躲开高峰期。一般凌晨3点至6点是上网的最佳时间。这段时间速度最快，比白天和晚上要快好几倍。白天由于“堵车”，有些站进不去，这时可以方便地出入。

第18章 潇潇洒洒做一回老板

创业，你准备好了吗

随着就业竞争的加剧，越来越多的人选择自主创业。当前社会也鼓励创业，并为创业者提供了种种便利，提高了创业的成功率。“与其去找工作，不如自己创业”，这样的壮志豪情使许多人投入到创业大军。

可是，创业是一件复杂而又艰辛的事业，对创业者有着各方面的要求。你具备创业者的条件吗？看看创业者们总结的创业必备要素。

自信、自强的创业精神

自信心能赋予人主动积极的人生态度和进取精神。不依赖、不等待。要成为一名成功的创业者，必须坚持信仰如一，拥有使命感和责任感；信念坚定，顽强拼搏，直到成功。信念是生命的力量，是创立事业之本，信念是创业的原动力。要相信自己有能力、有条件去开创自己未来的事业，相信自己能够主宰自己的命运，成为创业的成功者。

创业的知识储备

眼高手低、纸上谈兵是很多刚从事创业者很容易陷入的误区，因为他们只是通过书本、媒体了解创业知识，对社会缺乏了解；特别在市场开拓、企

业运营上的经验相当匮乏。因此，创业前要有充分的准备。一方面，可以通过在企业打工或者实习，来积累相关的管理和营销经验；另一方面，靠参加创业培训，积累创业知识，接受专业指导，为自己充电，以提高创业成功率。

基础素质

具备创业者的基本素质，比如：丰富的工作经验、技术和管理方面的优势、发现和解决问题的能力、领导才能、交际沟通能力、团队合作精神……如果你是刚走出校门，除非你已经拥有相当价值和发展潜力的创意，否则，最好还是去打工磨炼一下再创业。

好的创意

要有独到的见解或独家技术。拥有独到的见解或独家的技术是走向成功的关键，但也是最难做到的一点。显然，你独到的见解或独家的技术（当然最好是有专利）是你的优势所在，就好比如果你掌握苹果公司麦金拖什微机操作系统，那么你就掌握了这个关键一样。企业家舒尔茨对此如是解释："如果你能竖起一座屏障挡住许多竞争者冒出来在你立足之前抢走你的市场，你的成功机会就大大提高了。"当今社会如何找到独到的见解或独家的技术呢？专家建议在如下领域寻找市场：生物技术、软件、电讯。注意这里可没包括咖啡馆。

树立目标

每一个项目，每一个企业都有一个为之努力奋斗的目标，没有目标就会失去方向，没有目标也就没有动力。目标管理是一项基本的管理技能。它通过划分组织目标与个人目标的方法，将许多关键的管理活动结合起来，实现全面、有效的管理方法和过程。目标管理是强调系统和整体管理，强调自主自控的管理，是面向未来的管理，是重绩效、重成果的管理。

创业团队

要建立一个比较稳定的团队，包括技术、市场、经营管理等方面的人员。技术是基础，而市场是关键。人都不是万能的，当然，如果你的知识面相当广，综合素质很强，而且有相当丰富的经历和经验，那对你创业来说当然最好不过了，可创业的过程终究不是一个人能完成的，所以需要组建你自己的创业团队。

价值评估

选定了一个好的项目，组建好创业团队之后，你需要对自己的项目价值进行一个大概的评估。也就是你的项目究竟值多少钱的问题，这样你在和投资者谈判的时候心里才有底。你在自己对整个项目的大概评估的基础上，可以找会计师事务所或其他相关的机构予以评估。但由于风险项目本身的无形资产占有绝对的比例，比如新技术、新产品或新的商业模式，一切都是虚的，具有很多的不确定因素。因此，在项目的价值问题上，一般都由创业者和投资者采用合同约定的方式，所以创业者自己对项目的认识和评估就显得相当重要了。

成功创业14条“军规”

成功的创业者都有相同的特点，都遵循着一定的创业“军规”。一般来说，想要成功创业要掌握下面14条“军规”。

一定要取得充裕资金

有了充裕资金做后盾，碰到再大的意外也不怕。

好好照顾你的员工

因为任何事业的成败，最终仍系于基层人员的表现。要让员工看到你在兑现承诺，尽一切力量努力创造一个快乐的工作环境，员工就会自动提高生产力。

随时准备前进

不要只看到暂时的挫败，其实这只是一个章节的结束及另一个全新章节的开始。应该欣然接受自己总会碰到挫折的事实，不管不如意的事情是大是小。

仔细控制成本

切勿铺张浪费，凡事节俭，做任何事合理就好，尽量压低运营成本。

吸引更多注意力

运用游击战行销术，利用口碑广为宣传，可迅速扩大交往范围。让自己随时准备对着群众说话，设法让顾客知道你做了哪些与众不同的事。

尊敬顾客

永远想着要提供给他们最好的服务。要确保顾客和公司的每次互动，强化你从他们身上得到的利益。只要有一半以上的生意来自大家的口碑宣传，就表示你做对了。

效法产业中最佳的竞争者

一面学习，一面持续吸收值得学习的经验和方法。

注意细节

注意所有的细节，这些细节可能会影响一般顾客的消费过程，让他们有一次难忘的消费经历。

及早承认自己犯的错误

但不要让错误影响你的进度。在追求完美的过程中，现实世界总是不能尽如人意。对于自己会犯错的事实，态度越开放越有益于成长。

做行业内的优秀者

永远把事情做得比别人好，即使是一些小事也要认真去做。

充分运用科技手段，尽量做到自动化

蓝天航空让票务人员在其自家接听订位电话，公司就不需另外成立及维持一个客服中心。蓝天航空的每一张机票都是通过电子管道开具的，上面有许多实时管理信息。

坚守核心价值

建立一套核心价值，以后做任何事都以该核心价值为基础。

不断试着跳出框架思考事情

即不要照单全收传统的观念，应尝试从新角度思考问题。

做你最热衷的事

唯有如此，你才会不屈不挠、坚持到底。

小本创业投资指南

创业大多从小本开始，小本创业也要讲究一定的方法。在选择投资领域时，要注意下列这些方面。

大人不如小孩

儿童是中国消费市场中很重要的一个群体，儿童产品的市场大，随机购买性强，容易受广告、情绪、环境的影响，是一个很有朝气的市场。在中国，满足了孩子的需求，在很大程度上就是满足了父母的需求。举一个很简单的例子，某海洋馆顾客稀少、生意冷淡，于是决策者作出如下决策：为答谢游客对海洋馆的支持，儿童一律免票。果然，海洋馆立刻游人如织，门票销售大增。究其原因，由于海洋馆儿童免费，很多父母便携带孩子前来游玩，门票销售自然陡增。

男人不如女人

无论是在服装市场还是在食品市场，女性往往都是顾客的主体。即使有男性，也往往是女性的跟班，不过是拎拎东西罢了，而挑选东西往往是女性的专利。女性掌管家庭财务，不仅会直接消费，还负责整个家庭的消费采购，是最大的购买群体。有市场调查表明，社会购买力70%以上是掌握在女性的手里。把市场目标对象锁定为女性，生产适合女性眼光的产品，你会发现有更多的赚钱机会。

用品不如食品

“民以食为天”，食品是人们日常生活的必需品，永远都不会失去消费者。食品市场非常大，需求比较稳定，而且政府除了技术监督、卫生管理外，对食品业的规模、品种、布局、结构等一般不予干涉。食品业投资规模变化范围可大可小，切入容易，选择余地较大。

重工业不如轻工业

我们往往会有这样的经验，经营重工业的往往都是国有企业，而从事重工业的私人企业则很少。这是因为重工业投资门槛高，技术要求高，见效慢。小本创业不适合投资重工业，若小本创业把大量的资金投资于重工业，非常容易出现资金短缺的困难，不利于企业的发展。

与重工业相比，轻工业无论是在生产加工还是流通贸易上都具有较大的灵活性，具有周期短、投资规模小、技术要求低、风险小以及可以在短期内见效等优点，比较适合小本创业。

做生不如做熟

俗话说“隔行如隔山”，投资自己一无所知的行业，需要特别慎重，要深入学习，以免付出昂贵的学费，如果选择自己熟悉的行业，就能拥有更多的信息，能对商品是否有市场、有前途、不同产品的优劣及消费者的要求、市场发展的方向等作出正确的判断与决策。

多元不如专业

多元化有很多优点，比如抗风险能力比较强、客户群体更广泛等。但多元化只适合规模较大的企业，因为大企业有足够的资源支撑多元化；而小企业的资源有限，多元化不仅不能降低风险，由于对其他行业不了解，反而加大了风险。专业化生产及流通容易形成技术优势和批量经营优势，能够充分体现自身的优势，所以，在企业规模不大时最好只专注于一个产品。专注于一个产品，打出品牌来，等到企业规模发展大了，再向多元化发展也不迟。

怎样开家餐馆

我国有五千年的悠久文化，这其中，饮食文化占据了非常重要的地位。众所周知，中国是真正的饮食之乡，而更有“只有中国人是用舌头吃饭”的说法。

更重要的是，无论一个社会经济如何不景气，人心有多么浮躁，都是离不开吃的。可以说，餐饮业是当之无愧的“百业之首”。从古至今，只有餐饮业长盛不衰，并且时至今日还在向更繁荣的方向发展。从那一句“民以食为天”，已经到了今时今日的“中华饮食文化”。

“如果你兜里的钱只能干点小事，又不想受制于人，那么你就去开家小餐馆。因为自己总要吃饭，也许还能顺便挣点别人的钱呢。”这当然是笑谈，不过也证明开餐馆是我们每个想当老板的普通人很不错的选择。

根据世界经济合作组织一篇最新的研究报告表明：在知识经济迅猛发展的今天，传统行业中只有服务业仍有较大的发展。服务行业的投入比制造业低，增长率却更高，在该报告中被称作“打破知识经济神话的反例”。专家们还把餐饮业列入新千年蓬勃发展的15类热门职业之中。其实这几乎是必然的，可以算一算，只要一座城市的1 000万人中有1%的人决定：这顿饭我们去外面吃！其中所蕴含的商机便不言而喻了！

如果你拿定了主意，决定开家餐馆，可能马上又有了新的问题：需要多少投资？开什么样的餐馆？什么规模和档次的？回报如何？又会有多大风险？这些应该都是你最想知道的问题。

还有你是否想到了开一家餐馆，是绝不能愚信“只要我的菜货真价实，自然就会有人来吃”这句话。你一定要想到，我的餐馆要有一流的服务和管理，高档的菜肴和装修……如果你不具备这些基本的现代经营头脑，就很难获得成功。

另外，也不要以为开了餐馆就一定会赚钱，如果你经营不佳，可能眼睁睁看着对面或隔壁的餐馆财源滚滚，自己的店却是门可罗雀，心中可能还百思不得其解。其实这是经营策划失败的典型结果。所以，如果你决定要开一家餐馆，就要全神贯注，不畏辛劳，努力把自己的店打理好。

怎样开家果汁店

果汁店要做说简单又不简单。选对了地点、店面搞好了、设备买好了、人员备好了，就准备开店吧！

果汁，是靠新鲜的蔬菜水果做主题，因此货源很重要，保质保量是每一个行业都少不了的元素。

橙汁、西瓜汁、木瓜汁、密瓜汁、苹果汁、雪梨汁、红萝卜汁、西芹汁、西柚汁等是大路货！要懂得添加一些时节蔬果来增加收入，看看自己的地方有什么货源可选择。

除健康的纯果汁以外，还得加些有新意的混合饮料，例如：加牛奶、雪糕（冰淇淋）、凉粉、杂碎果、蜜糖、柠檬汽水（雪碧或七喜）及苏打水或其他，等等。

很多人会喜欢木瓜牛奶，养颜明目又好喝，但要做到好木瓜加好牛奶，

千万别用便宜货。

以上这一类混合饮料要多花点心思，最好购买一些有关健康食品营养的书籍，好让自己活学活用。

饮食店最重要的是卖的饮品物有所值，只要材料新鲜、干净卫生、价格合理，肯定有市场可做。

店面不需要大，五脏俱全，干净明亮的环境，让人看见就想进去就已成功了一半，剩下的就是价与质了。

薄利多销的生意不能牟取暴利，没有竞争对手短时间能做，一旦有对手就得靠比货、比价、比实力。

最后，店里面的设备，榨汁机、刀具、搅拌机、冷藏柜、冰箱、不锈钢工作台等，一定要下本用好的。

永远的一句话：

投资——硬件一次到位用好的，免得以后常坏，要修、要换、要花更多的钱！

软件——人的身上不断投资！要培养好员工，让好员工做好事，才会有好产品、好效益、好名声！

怎样开家服装店

经营是一门科学，也是一门艺术。所谓“劳心者制人，劳力者制于人”也同样是商战中的一条法则。在企业经营方面，有最新版本的教科书，但却永远不会有放之四海而皆准的经营方式。企业家在严谨的利益型思考的基础上，还必须学会随机应变。

找一块“风水宝地”

中心商业区寸土寸金。中心商业区也称为都市繁华区，大多位于城市的中心地带，是商业活动的高密度区域，所以房租价位也是最高的，可以说是“寸土寸金”。该区的主导力量是大型自选商场和百货商店，其商品种类多，规格全。由于客流量大，在双休日或节假日有可能出现“人山人海”的场面。

所以，如果有足够的资金，在中心商业区租一间铺面，也是值得考虑的。你可以开一家高档时装专卖店，或高品质的裁缝店，也可以在大型服装商场中，策划一间“店中店”。

次繁华商业区。次繁华商业区一般位于中心商业区的外围边缘地带，虽然客流量没有中心商业区那么大，但交通比较便利。次繁华商业区大多是从居民区到繁华商业区的中间地带，所以适合开设规模中等、情调优雅的服装店。

群居商业区。在许多城市，都会有一些一字排开的群居商业区，它们虽然没有中心区那样繁华，但在时装的某一领域却能自成气候。

居民小区服装店。在现代城市规划建设中有大量的居民小区，一个居民小区就如同一个微缩的小城市，各行各业人员应有尽有。一般居民小区不适合经营高级白领的职业服、名牌西装等。居家服、休闲服、运动服也许是更好的选择，这当然与经营环境和人们逛店的心情有关。与居民小区类似，还有一些大型厂矿家属区，其消费对象的定位则更容易把握。

偏僻街道与城市近郊。在城市的一些偏僻街道，商店寥落、行人稀少，但房租也更为便宜，是开办外向服务型服装公司的好地方。服装公司虽然地处偏僻，但通过业务把触角伸向四面八方，完全弥补了街区的偏僻。

陈列服装商品的妙法

好的陈列首先能引人入胜，使顾客产生兴趣萌发购买的潜在动机。商品的陈列成功，销售也就接近了成功。商品陈列要方便顾客，还要经常变换形式，给人的感觉是该店又推出了新一季节的应季流行款式。

在服装行业快速发展的今天，服装商品的款式、质地、做工、色彩、价格等本身的价值才是最重要的。在当今的形象时代，除了商品本身，似乎还有很多更重要的因素，其中店铺的陈列与布置，也成了直接影响销售和塑造企业形象的大问题。

怎样开家洗衣店

要想开好一家洗衣店首先要把为顾客“服务”放在第一位，能让顾客满

意才能更好地生存和发展，才能赚钱。面对激烈的竞争，顾客越来越分散，利润越来越薄，对于一个刚刚开张的洗衣店，怎样才能在洗染业分到一块蛋糕，生存下去并且发展呢？

一是要了解一些关于干洗、水洗的有关知识，再掌握一些基本的服装洗涤技术。到当地已经营业多年的洗衣店走走，摸摸洗衣价格情况，知己知彼才能百战百胜。这是开洗衣店最基本的要求。

二是要熟练掌握洗涤技术和熨烫技术。洗涤技术包括干洗、水洗和洗前去渍处理，这些最好找一个工作比较仔细或用心的有经验的师傅来做。这是你能否开好洗衣店的主要环节。

三是熨烫的水平是给顾客的第一感观认识，所以说熨烫师傅也是一个很主要的角色。

四是前台收衣服的人是决定你洗衣店经营好坏的第一环节。前台服务是传送给顾客的第一感觉，热情规范的服务工作还要加上专业知识才能留下第一次光临你店的顾客，最后把简单的满意服务提升为超值服务，这样才能留住你的“钱源”。

对现在的服装面料越来越多，新品层出不穷，加上款式变化多样，有同类面料相拼的，有不同面料相拼的，更有不同面料、不同颜色组合的变化，作为店主要不断学习。只要方方面面都做到，才能把洗衣店开好。

怎样开家鲜花店

开鲜花批零店最初的投入也包括了店面租金、装修和进货资金三个部分。投资规模视开店时间及店面租金而定，规模大点的也就一两万元，规模小一点的四五千元即可，开店的技巧主要包括熟悉行情、选择地段、店面布置、经营策略、插花艺术掌握、投资风险等。

技术掌握

没有接触过鲜花的人，早就听说插花是门艺术，而作为生活礼仪用花，我们只要掌握一点包、插花技术就行了。首先要了解花语，什么花送什么人，什么场合适合用什么花，开业花篮、花车的制作，一本介绍插花用书便可解决问题。

店址

这是我们建议你开批零店的关键。因为零售利润在花卉业中可达50% ~ 80%，零售利润足以满足一月的房租水电、员工工资、税收开支等。从这个角度考虑，店址在医院、酒店、影楼或娱乐城旁，可避免6 ~ 9月淡季对整个业绩的影响，二是从扩展批零业绩的提高考虑，因为批发利润大概在10% ~ 30%，可将店址选择在花卉市场批发一条街，或花店比较集中的街区。在9月至第二年5月的旺季，所有的花店，买花者都是你的客户，由于顾客购物的从众心理，批发货量大，价格便宜，你会争取到许多别人得不到的生意。同时，别的花店也是你的批发客户。

装修

花店的装修主要体现在“花团锦簇”这个词，要达到这个目的，只需一个办法，那便多装有反射功能的玻璃，这样店面空间显得大了，一枝花变两枝花，一束花也变为两束花了，当然为了体现花的艳丽，灯光色彩也很重要，建议可适当选择粉红色灯管点缀，另外作为批零店。可考虑店面前庭适当装修后，后庭做仓库用，以减小装修费用，玻璃门也少不了，这样一有广告效益，二对鲜花也是一种保护。以玻璃为材料的装修，费用低、效果好。

进货

进货渠道是批零店的关键，因为鲜花的质量和价位，是你赢得市场的法宝，找到自产自销的货源，可使你的利润空间得到最大保证。地处全国最大的花卉市场昆明市斗南镇，拥有自己的生产基地，走“价格 + 质量 + 服务”的品牌战略，以规范的合同操作，明确双方的责、权、利，以总代理或直销店的形式确保了经营者的利益。

经营策略

哪一行都有人做，关键看你怎么做，信誉是关键，一靠花卉质量价格，二靠服务质量，批零店如果花卉质量价格由供货商把关的话，作为店主主要靠服务质量。不如先作一个免费送货上门的承诺，无论对于批发商还是零售商，此项售前服务，会为你建立一个逐渐扩大的信誉体系客户群体。同时避免守

株待兔，坐以待毙，无论哪座城市，星级饭店的鲜花布置，都是一个很好的业务，3 ~ 5 天更换一期，费用少则几百，多则几千元，更何况酒店的婚宴、会议、生日宴又很多，无形带来许多生意，影楼、酒吧、歌舞厅也是你开拓业务的市场。此外，与电台合作，累积返还销售，也是你占领市场的法宝。

怎样开家玩具租赁店

玩具租赁业最初兴起于香港，后又在北京、上海等大都市流行开来。该行业逐渐火的原因，主要是当前玩具的品种越来越多，价位也越来越高，而孩子又有着“喜新厌旧”的个性，大多家长在经济上已经不堪重负。另外，有些玩具越来越大，占用房间面积较大，也使得一些家庭“犯愁”，而精明的商家却由此看到了商机。近年来，儿童玩具租赁行业越来越火，不少玩具租赁店月收入不下 3 000 元。

当你走进一家玩具店，只见店内千奇百怪、花样繁多的玩具琳琅满目，运动类、益智类、娱乐类等均囊括其中，玩具的价格从几元到上千元不等。

一位店老板说，最早主要是卖玩具，租赁业务很少。后来不少家长反映，买来的玩具，孩子玩一阵子便没兴趣了，要是能租赁就好了。于是该老板就琢磨向租赁方向发展，没想到，真火了起来。多的时候每月能赚 4 000 多元，少的时候能赚 3 000 多元。

“这种形式挺好的！孩子兴趣转移特别快，经常买，经济上负担不起。在这里，每天只花两三块钱就能租上各种玩具。这样租赁玩具既省钱又能让孩子换着花样玩。”正在给两岁半的孩子换租玩具的王女士说，她上周给孩子租了个“起重机”，这次她准备换个“电瓶车”。

玩具租赁业是一种新颖的服务理念，它的兴起为玩具市场注入了新的活力，前景广阔。

怎样开家旧书刊专售店

一些旧书刊，多数家庭往往会因为其过时或早已阅读过而被当废品卖掉，最终被送到造纸厂重新打浆后再造出新纸，而订阅一年12期刊物往往会在50~150元，可当把它当成废纸卖时，即使是一大堆，最多也就能卖10~20元。如果你想创业又没有好项目，不妨就在旧图书、旧物中去悟商机。或许你没有想到一本泛黄的老书，可能就是一段历史的记载；一本看不上眼的图书也许就是一本价值连城的绝世孤本；一本名刊物的创刊号，也许就是一份历史的遗产。其实，对于这些旧图书刊物，现在有很多人都想得到，但苦于难觅，只好放弃。鉴于此，如果有心创业者抓住这一商机，开一家旧书旧刊专售店，一定会有无限的“钱”景。

开旧书旧刊专售店选址时，同样也应选在人流量大且文化气息较浓厚的地方，中学、大学周围，商业街、文化艺术市场、古玩市场等，店面不需太大，有45平方米左右足矣，前期投资一般需要45 000元左右，6 000元用于首季的房租，10 000元用于店面装潢，以及购买、定制摆放旧书旧刊的货架、顾客临时休息的椅子等。10 000元用于旧书旧刊的收购，6 000元用于前两月雇佣2名员工的工资，12 000元用于店面开业的前期、中期宣传，以及办理各种开业所需执照和流动资金等。如果这些工作都做得比较到位了，旧书旧刊专售店也就可以顺利开业，迎客赚钱了。

怎样开家数码照片冲印店

数码照片冲印已经逐渐为数码摄影爱好者所接受，随着价格的降低，很多拥有数码相机的朋友都希望通过数码照片冲印获得可以永久保存的照片，如果选好营业场所，加上优良的服务，那么你的店必定能取得成功，为你带来不菲的收入。

投资数码照片冲印店，首先必须确定经营规模，是20万元、40万元还是100万元以上。经营规模决定了你的目标顾客是谁。就调查的结果来看，数码

照片冲印主流消费群还是普通消费者。这样一来，您的投资太大，收回成本的时间就越长，而时间越长数码照片冲印就越多，价格就越低，您收回成本的时间就被拖延的更长。您的战线拉得越长，损失必然越大。

投资数码照片冲印店，房租不可过高，否则会无形中加大投资回报的难度，甚至是无法经营下去，入不敷出。通常，社区服务类数码照片冲印店营业面积为 30 ~ 50 平方米，房租应控制在 6 万元上下，装修费用在 2 万 ~ 3 万元；高档数码冲印店，营业面积 100 平方米上下，房租为 30 万 ~ 40 万元，装修费用 10 万元上下。总之，这部分成本控制得好，利润空间就大，负担就小。而开业时间宜选冲印旺季开业，如五一、十一、元旦和春节等黄金时段，选在旺季开业有利于销售，无异于开了个好头。

怎样开家手机美容店

时下手机已很普及，年轻人都想拥有一部个性化手机，他们都愿花更多的钱和时间放在怎样扮酷自己的手机上，“个性化手机”越来越被年轻人所接受。而手机的更新换代又使手机美容市场潜力加大。这是一个令人垂涎的新锐行业。

手机美容项目

1. 改头换面

这主要是改变手机外壳图案。先让顾客在图案册里选好自己喜欢的图案，把手机机型输入计算机，计算机根据机型不同，选用透明或不透明的纸打印切割成契合的形状，然后贴在手机上。贴一面或两面都行。图案有上百种，蜡笔小新、加菲猫、樱桃小丸子等卡通形象几乎都有，也可以拿自己的照片或图片扫描到计算机里制作成型。此外，各种风格的手机贴膜也会为你带来不菲的收入。

2. 手机彩屏制作

在任何型号的手机的显示屏内制作彩色图文背景。背景图案可以是自己的肖像，也可以是爱人的或情人的肖像，或美女、名人、偶像的图像，或山水风景、珍奇名画，也可录入格言绝句、祝福赠言等彩色文字。开机后与卫星信息同步显示精彩艳丽，令人爱不释手。一改过去那种蓝屏黑字、终身一色、枯燥乏味的形象。

3. 手机自编铃声

现在大多数手机都可以自编歌曲做铃声，我们还可以从网上下载流行音乐做铃声让手机更具特色。

另外，还可以卖漂亮的卡通手机绳、来电感应器、贴图、彩壳手机、太阳能旅行充电器、手机防盗器等手机相关产品。

投资分析

开家手机美容店，大致需要下列工具，具体投资如下：手机美容软件6 000元；电脑、切割机、压膜机、打印机、材料，约10 000元；彩屏制作材料及软件约3 000元；其他500元。

收入：以绘制彩图每张30元（成本不足元）计，每天20张。彩屏制作每天20张计，每张收费20元左右。

30×20 = 60 020×20 = 400（元）

加上其他产品收入（保守计）为80元，如果能达到以上业务量每月收入：（600 + 400 + 80）×30 = 32 400（元）。除去每天的开支及门面等费用，一到二个月即可收回投资。

怎样开家打字复印店

最佳市口：大单位或在写字楼的附近。

最差市口：居民区。

装修定位：普通装修。

利润分析：打字复印店的投资主要集中在设备的购置上，日常的经营成本并不高，经营成功的关键在于前期投入成本能否在尽可能的时间内收回。打字复印店经营情况的好坏取决于业务量的大小，业务量越大，赢利就越高。

经营策略：不能死等顾客上门，这样根本不能保证业务量的稳定和充足，

要主动出击，联系机关单位的一些期刊、资料及图书的照排业务。充分发挥电脑的功能，尽可能多地开拓业务范围，比如名片、图片、各类卡片的设计制作，胶印、铅印等业务的承接，有些服务内容可以和其他几家复印店联手经营，并不是所有设备你都要备有。

业务掌握：联系几家固定客户，其余业务只能随机掌握。

发达机会：中国是公文大国，也是出版大国，市场潜力是没有任何问题的。但单纯的打字复印工作只是个力气活，只能以扩展规模来带动效益增长。充分利用高科技的技术含量，在设计和策划上创造智力劳动报酬，获取高额利润。

失败之策：打字复印店面临的最大问题是设备升级换代快，比如电脑技术就日新月异，要跟上时代的前进步伐就得不断地更新设备。虽然设备的更新会带来新的业务和更好的工作质量，但需要不断追加的投入对于开店者来说始终是一个沉重的压力。

电脑等高科技产品贬值很快，一旦关门或转向旧设备将类同垃圾，因此最好的办法就是避免失败。

怎样开家电脑清洁翻新维修店

购买电脑，对于任何一个家庭来说，都可以说是一笔不小的开支。但电脑在使用几年后，可能就会不太好使，如果更换新的吧，又是一笔不小的开支，再说旧的还能勉强用，丢弃了实在可惜。鉴于此，如果创业者能够抓住商机，开一家电脑清洁翻新店，使其电脑比在没有翻新前上一个档次，由不好使变好使，肯定就能给自己带来滚滚财源。

开电脑清洁翻新维修店在店址的选址上非常重要，应该选择在IT商贸区等客源相对集中的地方，门面不需太大，有30平方米足矣。前期投资需要30 000元左右，资金主要用于前期房租费、门面装潢，购买电脑清洁必需品、电脑附属品，以及前期宣传费、办证费和工人工资等。一般来说，开电脑清洁翻新维修店会给经营者带来不错的收益。维修、翻新都以每机每次50元收入来计算，倘若平均每天有 3 台次电脑需要维修，2 台次电脑需要清洗翻新，每天就会有 250 元收入，如此每月的毛收入就会有 7 500 元。如果电脑清洁翻新维修店同时再兼带出售一些常用附属产品，例如：鼠标、电脑使用小音响，以及电脑用游戏软件等，收入还可以增加，如此每月一般都会有 4 000 元以上的纯收入。

一铺养三代的商铺投资

不少投资者都希望能够找到一种长期稳定的投资获利模式，从现有的投资理财型产品来看，无论或多或少，都可能有一定的风险。如果要选择既安全稳定、收益又不错的投资渠道，商铺投资是不错的选择。

由于大多数商铺都有银行作担保，就安全性来说应该和存银行差不多，但收益肯定会高出许多。俗话说“一铺养三代”。

商铺投资既能给投资者带来比较稳定的租金收入，对于要求现金流稳定的投资者而言，也不失为一个很好的选择。

商铺吸引投资者的主要是其诱人的投资回报。要使所投资的商铺长盛不衰，取得丰厚的投资收益，就要从最初的选购开始精心策划。商铺选购要考虑的因素有很多，比如：房地产环境、商铺的商业环境、供求关系等。投资者在决定投资商铺之前，要关注以下几点。

选择商铺要慎重

投资商铺难免会有风险，但怎样把风险降到最低，能够放心地去投资？收益由谁来保障？找到一个有保障和依靠的目标是非常关键的。综合比较现有的各种商业投资品种，想安全地坐收租金，一定要选择有银行担保的、有收益保障的商铺。商铺在银行担保的时间长度有 3 年、5 年、10 年甚至长达 20 年的，所以在选择时要根据收益的周期来慎重比较。

因地制宜选行业

位于交通枢纽处的商铺，应以经营日常用品或价格低、便于携带的消费品为主；位于住宅附近的商铺，应以经营综合性消费品为主。位于办公楼附

近的商铺，应以经营文化、办公用品为主，且商品的档次应相对较高；位于学校附近的商铺，应以经营文具、饮食、日常用品为主。在投资商铺之前，就应该为它找好“出路”。

投资商铺不妨先租后买

如果投资前对商铺价值“吃不准”，就要事先对商铺评估一下。可以采用比较的方法，选择几家与评估对象在同一供需圈内的规模相当的商铺，进行日营业额、客流量、经营方向等方面的调查，然后再综合这些数据来确定评估对象的回报率。

不过，最保险的办法还是先租后买，想象和实际之间总是存在一定差距的，只有在实际操作中才会发现新的问题。采取先租后买的方式投资商铺，即便失算了，损失也不致太大。

把握投资时机有诀窍

从总体上说，经济形势良好、商业景气、商业利润高于社会平均利润的时期，未必是投资商铺的最佳时机，投资者选择商铺的空间很小，而且获得商铺要付出的成本很高。反之，在有发展潜力的区域，商业气候尚未形成或正在形成中，投资者可以在较大的范围内选择商铺，需要付出的成本也相对较低。

学会“傍大款”

商铺投资非常讲究“羊群效应”，也就是看主力店。一般来说，经过多年发展、有成熟商业运作经验的商界巨头进驻，都会带来旺盛的人流。同时，选择邻居的另一方面就是要看商场的整体经营业种。Shopping Mall 提供的是“一站购齐”的消费模式，最讲究的是业态覆盖，因为只有提供全面的商品，顾客才会长时间停留，而小店铺的业主则可完全分享这些巨头们的成熟经验，更重要的是可以分享人气。

不管是投资也好，还是经营也好，如果碰到短命商铺，就会致使投资失败。俗话说，一铺养三代，确实如此，一间好铺的确可以带来丰厚的投资回报，但其前提是商铺能够一直“存活”下去。如果因为市政动迁、规划调整等原因，导致商铺被拆除，不管此前市场氛围多浓厚，也无法实现丰厚投资回报这一目的。

另外，投资商铺者主要分为自用和真正意义上的投资者。对前者来说，以银行按揭形式购买一个铺位，每月月供与租金相差不多，与铺租位不同的只是多付一个首期款，而日后商铺归为己有，使经营成本大为降低，与同行相比此种形式竞争力更强。对后者来说，投资风险前三年由发展商承担，收益与银行储蓄利率相比相差无几，但一两年后租金大涨却是储蓄利息所无法比拟的。

专家认为，在回避投资风险方面，商铺投资必须紧密结合国家、地方政府的城市规划，关注城市规划发展动态、区域行情变动信息，避免短期行为造成的不必要损失。投资参考指标：一是市面和楼层因素。租金往往最能体现商铺的价值，一楼的商铺往往最好租，租金也高，对投资者也最有保障。二是使用率有多高，有没有自主权。自主权越高，收益越单纯。使用率提高一倍，就等于降低一半租金。三是能否找准产业市场。准确的市场定位则可以大大提高投资的回报，比如“电脑一条街”“服装一条街”等，找准市场定位可事半功倍。

一点万金——网上开店

“点击鼠标就可以做生意赚钱”，网店因其易上手、易操作、低风险、不受传统的营业时间、营业地点的限制等众多优点，而受到越来越多的人的青睐。

网上开店，有很多人都已经看到了这个机会，但如何上网做生意，怎么做生意，要注意什么，相信许多“有志者”并不了解。对于跃跃欲试的人来说，了解一些网上开店的基本流程是很有必要的。

在网上卖什么

和传统店铺一样，在网上开店的第一步就是要考虑卖什么，选择的商品要根据自己的兴趣、能力和条件，以及商品属性、顾客的需求等来定。

开店前的准备工作

选择好要卖的商品后，在网上开店之前，你需要选择一个提供个人店铺

平台的网站，并注册为用户。为了保证交易的安全性，还需要进行相应的身份和支付方式的认证。

1. 进货、拍图

网上开店成功的一个关键因素在于进货渠道，同样一件商品，不同的进货渠道，价格是不同的。

通过身份验证后，你就要忙着整理自己已经有的宝贝，为了将销售的宝贝更直观地展示在消费者面前，图片的拍摄至关重要，而且最好使用相应的图形图像处理工具进行图片格式、大小的转换，比如 Photoshop、ACDSee 等。

2. 发布宝贝

要在淘宝上开店铺，除了要符合认证的会员条件之外，还需要发布 10 件以上宝贝。于是，在整理好商品的资料、图片后，您要开始发布第一个宝贝。

友情提示：如果没有通过个人实名认证和支付宝的认证，可以发布宝贝，但是宝贝只能发布到“仓库里的宝贝”中，买家是看不到的。只有卖家通过实名认证，才可以上架销售商品。

获取免费店铺

淘宝为通过认证的会员提供了免费开店的机会，只要你发布 10 个以上的宝贝，就可以拥有一间属于自己的店铺和独立网址。在这个网页上你可以放上所有的宝贝，并且根据自己的风格来进行布置。

店铺装修很重要

在免费开店之后，买家可以获得一个属于自己的空间。和传统店铺一样，为了能正常营业、吸引顾客，需要对店铺进行相应的“装修”，主要包括店标设计、宝贝分类、推荐宝贝、店铺风格等。

1. 基本设置

登录淘宝，打开“我的淘宝——我是卖家——管理我的店铺”。在左侧“店铺管理”中点击“基本设置”，在打开的页面中可以修改店铺名、店铺类目、店铺介绍；主营项目要手动输入；在“店标”区域单击“浏览”按钮选择已经设计好的店标图片：在“公告”区域中输入店铺公告的内容，比如“欢迎光临本店”，单击“预览”按钮可以查看效果。

2. 宝贝分类

给宝贝进行分类，是为了方便买家查找。在打开的“管理我的店铺”页面中，可以在左侧点击“宝贝分类”；接着，输入新分类的名称，比如“文房四宝”，并输入排序号（表示排列位置），单击“确定”按钮即可添加。单击对应分类后面的“宝贝列表”按钮，可以通过搜索关键字来添加发布的宝贝，进行分类管理。

3. 推荐宝贝

淘宝提供的“推荐宝贝”功能可以将你最好的16件宝贝拿出来推荐，在店铺的明显位置进行展示。只要打开“管理我的店铺”页面，在左侧点击“推荐宝贝”，然后，就可以在打开的页面中选择推荐的宝贝，单击“推荐”按钮即可。

4. 店铺风格

不同的店铺风格适合不同的宝贝，给买家的感觉也不一样，一般选择色彩淡雅、看起来舒适的风格即可。选择一种风格模板，右侧会显示预览画面，单击“确定”按钮就可以应用这个风格。在店铺装修之后，一个焕然一新的页面就会出现在你面前。

推广是成功的关键

网上小店开了，宝贝也上架了，特色也有了，可是几周的时间过去了还是没有成交，连买家的留言都没有，这是很多新手卖家经常遇到的问题。这个时候，你就要主动出击了。大多数新手都曾遇到这样的苦恼，于是就需要你通过论坛宣传、交换链接、橱窗推荐和好友宣传等方式给小店打广告。

宝贝出售后

在宝贝售出之后，除了会收到相应的售出提醒信息，还需要主动联系买家，要求买家支付货款，进行发货以及交易完成后的评价或投诉等。